養卵的魔法

吃好 | 睡好 | 運動好 | 心情好

身體健康 輕鬆好孕 不走冤枉路！

養卵的魔法

04　推薦序 Jeffrey Bland

06　推薦序 郭台銘

08　推薦序 江漢聲

10　魏曉瑞醫師自序

謝辭
照片集錦
p.154

Part 1

好孕不光只靠好運，
健檢身體的問題！

p.16 備孕基礎知識

p.20 月經不調與不孕有何關係？

p.26 卵巢健康與不孕有何關係？

p.37 子宮與不孕有何關係？

p.46 男性不孕症原因概談

p.50 情緒與不孕有何關係？

p.54 年齡與不孕有直接關係嗎？

p.58 試管為什麼會失敗？

Part 2

養卵的魔法，
好孕從現在開始！

p.64 為什麼一直反覆強調
「養卵」的重要性？

p.68 養卵需補充的營養素

p.81 血糖與不孕的關係

p.84 關於健康減肥，
妳必須知道的！

p.90 養卵的心理調適建議

Part 3

養卵案例分享

p.96 飲食篇

p.103 運動篇

p.107 睡眠篇

p.111 心理篇

p.118 NEWSTART
新起點特別專欄

Part 4

好孕 Q&A

p.126 不孕篇

p.132 養卵備孕篇

p.140 孕期篇

p.142 魏醫師個人微博
問答集

序

傑佛瑞・布蘭德（Jeffrey Bland）博士。
美國營養學會（FACN）、國家臨床生化學會（FACB）成員。
功能醫學研究中心（IFM）創辦人暨個人化生活型態醫學中心（PLMI）院長

I have had the pleasure of knowing and working with Dr. Wei for fifteen years. She is a world's leader in preconceptual and pregnancy health. Her programs in preconceptual conditioning have revolutionized the opportunity for mothers and fathers to celebrate successful pregnancy and the delivery of healthy babies. Her book is very important for anyone considering having a baby. It provides an approach to producing healthy babies that has years of proven success behind it.

在 15 年前，我有幸結識魏博士並與之共事。她在健康備孕及懷孕的領域是世界級先驅。她的備孕養卵理念，徹底刷新了備孕夫妻成功懷孕及健康分娩的機率。她的書是所有計畫生育的人不可不看的寶典。書中教導孕育健康寶寶的方法，多年來早已有無數案例可為其成功佐證。

簡介

Jeffrey S. Bland, PhD, FACN, CNS, is an internationally recognized leader in the nutritional medicine field. He co-founded The Institute for Functional Medicine in 1991 and is known to many as the "father of Functional Medicine." Over the past 35 years, Dr. Bland has traveled more than six million miles teaching more than 100,000 healthcare practitioners in the US, Canada, and 50 other countries about Functional Medicine.

傑佛瑞‧布蘭德（Jeffrey Bland）博士是營養學界享譽國際的領袖。他在 1991 年共同創立了功能醫學研究中心，亦被譽為「功能醫學之父」。過去 35 年來，布蘭德博士旅行超過 950 萬公里，在美、加及世界各地超過 50 個國家，向數萬名醫療從業人員推廣並教導功能醫學。

愛，幼吾幼以及人之幼！

郭台銘｜鴻海科技集團創辦人

在 1999 年我支持成立了「台灣婦女健康暨泌尿基金會」，在成立大會的時候，我的夫人淑如遇見了曉瑞。她們兩人個性相投，很快就成為非常要好的姊妹。

當時曉瑞從美國留學歸來，醉心於生殖醫學及不孕症治療，喜歡挑戰困難。愈來愈多臨床數據讓她覺得，代謝改善不但可以增加懷孕率，更可以讓不孕者擁有成為健康媽媽的機會。而早年的經歷讓她深刻明白，有健康的媽媽，才有健康的寶寶。

曉瑞和淑如每天都在談論如何才能讓女性更健康，她們一致認為生育率之所以低，是因為生活節奏快造成代謝較差，影響了生育能力。所以她們每天三句不離本行討論著：要吃什麼？做什麼運動？如何透過規律作息讓身體更加健康？正因如此，她們兩個人氣味相投決定要一起為女性健康做一些事，成立醫院的念

頭便在此時悄然萌生！但是，在中國成立生殖中心是困難重重的……她們開始面臨許多挑戰。之後淑如生病，她彌留之際還不忘提醒我，一定要幫助曉瑞完成她們的心願！

雖然這是一條漫長且佈滿荊棘的道路，但有淑如的遺願加上曉瑞的不懈努力與堅持，秉持著「健康媽媽、健康寶寶」的理念，視病如己的廈門安寶醫院終於誕生了！經過了幾年的用心發展，醫院已幫助許許多多不孕家庭成功圓夢，深受好評！而如今曉瑞更將多年來的專業心得藉由出書幫助更多人，令我備感欣慰。

祝願全天下所有準媽媽們都能成為「健康媽媽」，生下「健康寶寶」！這是淑如的遺願，相信她在天之靈必能感到安慰。

郭台銘

熱忱、學養、醫術兼具的好醫師！

江漢聲｜輔仁大學校長及臺大、北醫、輔大泌尿科教授

進入試管嬰兒時代後，臺灣不孕治療已有 20 年以上經驗，培養許多專家醫師，其中專家中的專家就是本書的作者魏曉瑞醫師。魏醫師不僅是不孕專家技術中的佼佼者，從各個層面來看，更是一位典範醫師。

魏醫師和我在臺北醫學大學附設醫院共同工作過，她為人熱心、做事認真，對男性不孕有高度興趣。由於我本人從事男性不孕的診療，常和她合作，從男性病人取出精蟲給她做女方卵細胞質內注射，成功率很高！她總是和我詳細討論許多疑難雜症。我們也發表了一些研究，包括她在康乃爾大學所做的染色體異常診療案例。由於她研究熱忱，使她在不孕專家中成為對男性不孕最有經驗和心得的醫師。

魏醫師也是我在北醫臨床醫學研究所博士班的學生，當時她很辛苦，臨床工作病人很多、又要做研究，同時也是兩個小孩的母親。然而她面面俱到，不僅在臨床上成為不孕症權威，兩

個小孩也都順利成長表現優異。最難得的是她在短短一、兩年內完成兩篇論文,研究題目是針對女性不孕多囊性卵巢和糖尿病的關係,並發表在婦產科領域最高分的雜誌,榮耀地拿到博士學位。

由於她研究出多運動、注意飲食、減少糖尿病風險有助於生育力,因此她在廈門的醫院便曾設有病人健養生處,從身心靈多管齊下治療不孕症。作為一位好醫師,尤其是面對不孕症的病人,必須十分有愛心、耐心和同理心,魏醫師正是如此!她做事有效率、志向堅定,成功絕非偶然!因此我很放心地把要做試管的病人介紹給魏醫師。

在這裏,我鄭重向大家推薦這本由魏醫師累積多年經驗、針對不孕症治療之養卵知識寫成的專書,相信能帶給因不孕症苦惱的人鼓勵和盼望!

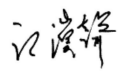

魏醫師自序

我踏入生殖醫學領域已經超過 30 年了，本身也曾是一位不孕症患者。那時初出茅廬的我在臺灣擔任住院醫師，因為長期值夜班日夜顛倒，吃飯也是匆忙湊合，再加上沒時間運動，就導致了我婚後不孕。

直到 1990 年在新加坡參加世界婦產科醫學大會 (FIGO) 時，看到英國團隊報告了世界第一例胚胎著床前診斷的試管嬰兒，內心非常嚮往。3 年後，我終於申請到前往美國進修的機會，先是到紐約哥倫比亞大學人類遺傳學系，指導老師 Dr.Dorothy Warburton 的實驗室，在那裡學習到遺傳概念還有最新分子基因診斷技術；之後又去了康乃爾大學生殖醫學中心 (Center for Reproductive Medicine)，在 Zev Rosenwaks 指導下學習，那裡有號稱美國內分泌學最權威的醫師，透過每個月的失敗病例討論 (trouble Shooting) 讓我吸收了許多知識精華。

美國的學習生活異常忙碌，因為風土人情不同，讓我徹底改變原有的生活習慣。例如在紐約搭計程車很貴，為了省錢我必須常常早起搭巴士；穿上輕便的運動鞋時常步行；因為吃不慣當地飲食，自己動手下廚、減少便當和外食；更戒掉了熬夜、養成規律作息。有趣的是，就在我結束美國的學習之旅回到臺灣不久後，我懷孕了！這時我馬上意識到，這可能與我生活習慣的改變有因果關係，因為我「吃好、睡好、運動好」所以能夠自然懷孕。

不過在懷孕過程中我剛好經歷一段不順遂的工作交接，心情不太愉快，當時我並沒有意識到這對肚子裡的寶寶也會產生影響……直到幾年後兒子上了小學，老師向我反應兒子的注意力不太集中，數學成績竟然只有 7 分！後來我帶著兒子去美國做檢查，美國老師建議兒子去參加在 Oregon

的 Second Nature Cascades 訓練課程，神奇的事情發生了，課程之後兒子的情況慢慢有了改善，數學成績竟然從原來的 7 分變成 A+！後來我才明白，華人講的胎教是有道理的，懷孕過程中媽媽的情緒非常重要，若是心情不好代謝就會不好，進而影響肚子裡的寶寶，將來孩子可能容易緊張焦慮、注意力不集中。

生完孩子之後，我的工作逐漸步入正軌，1997 年我成功完成臺灣第一例三代試管的病歷；2003 年四月臺安生殖中心實驗室試管病人懷孕率達到 100%！當我為這些病人開心的同時，也被成就感深深激勵著。只是從 2003 年之後，臺灣逐漸進入晚婚晚育的環境，不孕病人的年齡逐漸增高、成功率逐漸下降！這個時候，我開始追蹤病人的血糖和代謝，發現不孕病人的血糖普遍偏高、代謝普遍不好。

由於我早年自己感受過「吃好、睡好、運動好」的好孕經歷，因此立刻將這些觀念帶給備孕病人及孕婦，並且向她們推薦單車和重量訓練課程。坦白說，起初我的「吃好、睡好、

運動好」養卵理念並不受人青睞，但隨著懷孕率逐步提升，越來越多人開始加入這個「健康媽媽、健康寶寶」的行列！

如今臺灣依舊是晚婚晚育，甚至不婚不育，很多年輕夫妻在最佳生育年齡時並沒有意識到他們需要孩子，就如同我本人當初也不瞭解生小孩對我人生的重要意義。但是當我走過這段路之後，才發現原來人生需要經歷不同階段、扮演不同角色，才會收穫不同風景。

你知道嗎？每個孩子都是天上的星星，是上天賜予的珍貴寶藏。夜晚來臨時，他們會趴在雲朵上，認認真真挑選媽媽。當他們看見妳、覺得妳特別好時，就會丟掉身上的光環奔向妳，成為妳的寶寶，從此以後全心全意地愛著妳。

所以，當妳想擁有一個孩子時，首先要做的就是「吃好、睡好、運動好」，先讓自己變好，成為一個「健康媽媽」，其餘的就交給我們吧！

魏曉瑞

Part 1

好孕不光只靠好運，
健檢身體的問題！

備孕基礎知識

月經不調與不孕有何關係？

卵巢健康與不孕有何關係？

子宮與不孕有何關係？

男性不孕症原因概談

情緒與不孕有何關係？

年齡與不孕有直接關係嗎？

試管為什麼會失敗？

心理篇幅提供

鍾昀蓁 臨床心理師
國立政治大學心理學系臨床組碩士
現任廈門安寶醫院生殖醫學中心 臨床心理師
臺大醫院臨床心理中心
臺大醫院兒少保護醫療中心 臨床心理師

男性不孕篇幅提供

江漢聲 教授
畢業於臺灣大學醫學系
德國慕尼黑科技大學醫學博士
曾任臺北醫學大學醫學系主任、醫學研究所所長
曾任輔仁大學醫學院院長、醫務副校長
現任輔仁大學校長以及臺大、北醫、輔大泌尿科教授

 # 備孕基礎知識

女性進入青春期後,子宮內膜受卵巢激素影響,出現週期性的子宮出血,稱為月經;子宮內膜的週期性變化稱為月經週期,也是人類的生殖週期。通常把月經第一天到下次月經來臨前一天為止稱作一個月經週期,每一個月經週期平均約 28 天。

什麼是月經不調?

月經不調,換句話來說就是排卵不正常。在月經來的時候,卵巢中會開始募集一批卵子,隨著發育不斷成熟,選擇出一個優勢卵泡(dominance)。當這個優勢卵泡排出來後,會形成黃體,製造出黃體素,讓子宮內膜密度增加,為受孕做準備。若當月沒有懷孕,黃體就會萎縮、黃體素下降,造成子宮內膜脫落,這就是正常的月經形成過程。那麼如果排卵異常,或是沒有排卵,就會發生月經不調的情況。所以若是妳的月經不調,就應該先好好關注一下排卵狀況了。

準媽媽們在備孕初期一定要多關注自己的排卵狀況,測量基礎體溫或使用排卵試紙來監測自己的排卵是否正常。若是出現排卵週期延長,或不排卵等情況,那麼就要及時去醫院就診,找出原因。

出血週期 5-7天

出現 拉絲白帶

下一次 月經來

排卵期

排卵是成熟卵子從卵泡排出的過程。月經正常且排卵正常的情況下，女性的排卵期是從下次月經第一天開始算，倒數 14 天為排卵期，一般都伴有拉絲白帶的增加。

> 抓準排卵日同房，才能輕鬆好孕喔！

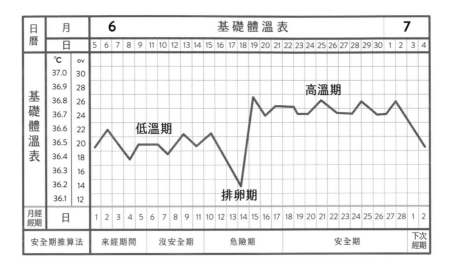

日曆	月	**6**	基 礎 體 溫 表	**7**
	日	5 6 7 8 9 11 10 12 13 14 15 16 17 18 19 20 21 22 23 24 25 26 27 28 29 30		1 2 3 4

月經 經期	日	1 2 3 4 5 6 7 8 9 10 11 12 13 14 15 16 17 18 19 20 21 22 23 24 25 26 27 28	1 2
安全期推算法		來經期間　沒安全期　危險期　安全期	下次經期

基礎體溫

人體在較長時間(**6小時**)的睡眠後醒來,尚未進行任何活動之前所測量到的體溫稱為基礎體溫。基礎體溫分為高溫期和低溫期,一般女性在排卵之後體溫會上升(**稱作高溫**),因為排卵後卵泡周邊的細胞會變成黃體,製造出黃體素,所以體溫會升高。高溫期會一直保持到下一次月經來潮,然後下降進入低溫期。

基礎體溫的測量方法:每天睡醒後的同一時間(**不要說話、起床或吃東西**)用體溫計測量體溫,並記錄在基礎體溫表中,持續觀察是否有出現高、低溫的變化。

備孕女性測量基礎體溫,搭配排卵試紙,可以輕鬆抓準排卵日。

> 有排卵的女性,就會有高溫與低溫;排卵出現問題或是沒有排卵的女性,可能就會出現高溫時間過短,或僅僅只有低溫期的現象喔!

為什麼排卵會出現問題？

其實排卵之所以會出現問題，多半還是在優勢卵泡的選擇上。要知道，優勢卵泡的選擇條件就是養分最充足、發育最好且雄性素最少的那一顆卵子。若是妳的身體雄性素增高，就很難選擇出優勢的那一個卵子，因為都不夠好。所以排卵期可能會因為遲遲選不出優勢卵泡而延長，甚至不排卵，最終導致月經不調。

雄性素過高，其實跟妳的胰島素阻抗有關。當胰島素發生阻抗的時候，會有較多的胰島素和類似胰島素受器結合，從而產生較高的雄性激素。這其實是人類自身的一種保護機制，也就是當胰島素阻抗、代謝較差的時候，身體會自動判定妳的健康狀況不夠好，然後讓雄性激素增高，這樣可以避免在狀態不好的時候懷孕，生下不健康的下一代，甚至影響到母體。

> 所以當妳的月經不調時，很可能就代表了胰島素效能不好。當代謝不好、身體狀況不好，是不適合懷孕的。

 # 月經不調與不孕有何關係？

想要好好備孕，我們便要著手於身體器官的維修與維護。

首先，當然是從養卵的大本營——卵巢開始！請先依照月

經週期間的幾個判斷點，替自己檢測卵巢功能。

❶ 月經週期規律，一般在 24-28 天左右，不超過 32 天

❷ 月經量正常，大約在 5-7 天左右

❸ 月經週期第 9-12 天，開始出現拉絲白帶

如果妳的月經狀況並非如上述規律，那麼可能代表妳的卵巢功能

出現異常，或者需要特別留意改善。

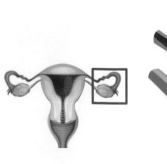

以下是一些常見的症狀

1 月經週期較短

月經週期不規律，很大一部分是因為排卵不正常；不過即使有些女性排卵時間正常，例如月經的第 10、13、14 天排卵，但月經週期可能小於 25 天。這可能是黃體不足造成的，代表妳的卵子品質較差。若女性月經週期較短、量也很少，這常是因為沒有排卵，造成所謂的「**撤退性出血**」* 現象。我常常比喻濾泡期的雌激素就像蓋房子的鋼筋；排卵後的黃體素就像是水泥，在沒有排卵的情況下只有鋼筋沒有水泥，那麼即使鋼筋搭建得再高，也不牢靠，這就是所謂的撤退性出血。與月經不同的是，撤退性出血只會將前段的內膜脫落，初期形成的內膜並沒有被定期更替，久而久之可能會發生子宮內膜病變，例如不典型增生或是內膜癌。

備孕小知識

何謂撤退性出血

撤退性出血並不是月經，是一種異常的子宮出血，通常會發生在月經不調時。因為沒有排卵就沒有黃體形成，所以不會產生黃體素，這時只有體內雌激素的作用，就會造成內膜堆疊、出現崩壞，常伴有滴滴答答淋漓不盡等症狀。

❷ 月經週期正常但是量較少

有些女性透過超音波監測排卵時，會發現排卵較晚，排卵後 7 天的黃體素較低（例如 < 15ng/ml）。她的卵子在發育過程中沒有得到充足養分，所以品質相對較差，使子宮內膜的厚度或是密度不夠好。

❸ 月經週期拉長，超過 35 天甚至不規律

女性月經週期期間，卵巢會誕生出一批卵子，它們不斷生長發育，最終雄性素最低、發育最好的那一個會作為優勢卵泡脫穎而出，隨後排卵。但是當雄性素過高、卵子品質不好時，就無法選出優勢卵泡，那麼這一批卵子就會重新再選，導致卵巢中積貯了很多不成熟的竇卵泡，這也就是多囊卵巢產生的根本原因。而沒有排卵、無法製造出黃體素，月經週期也就拉長了。

❹ 痛經

痛經是常見現象，若排除病理因素，很有可能和血液循環不良有關。而血液循環不良可能導致骨盆腔或子宮充血，引發痛經，可以嘗試透過有氧運動來增加血液循環、改善痛經。另外，還可以再增

月經來的時候不要拼命喝水

月經來的時候喝大量的水，會更痛喔！這就像我們代謝不好的時候，下肢容易水腫一樣，當我們的代謝不好、血液循環不好的時候，我們的子宮就容易充血、發生脹痛。所以月經來的時候儘量不要多喝水，以免下腹脹痛喔！

我考大學時，因為課業繁重所以長時間沒有運動，每次月經來都痛得要命，總在廁所待上半天！上了大學後，我參加學校的網球隊，月經來還是照打，沒想到痛經的現象反而漸漸消失了，可見運動對身體幫助很大！

加一些無氧運動，例如重量訓練，尤其是一對一的教練指導，可避免不必要的受傷。

至於可能引發嚴重痛經的病理性因素，包含子宮內膜異位症、子宮腺肌症等。子宮內膜異位症**(詳見42頁)**的病灶會分泌出製造疼痛的細胞因素，而子宮腺肌症**(詳見42頁)**更容易在月經來之前出現疼痛症狀，甚至可能持續到月經結束之後，因為內膜異位的月經血積貯在肌肉，持續造成腫脹疼痛。

5 經前症候群 (premenstrual syndrome, PMS)

很多女性在來月經之前都會出現經前症候群，在情緒、體力、健康等多個方面造成影響，嚴重時甚至會影響生活，例如乳房脹痛、腹脹腹痛、便秘、疲勞、長青春痘、對食物渴望**(尤其是甜食)**，更常見的是心情低落、焦慮等。

它的形成可能是因為性激素以及血清素 (serotonin，**5- 羥色胺**) 的變化，造成卵巢中女性荷爾蒙黃體素增高，影響部分腦細胞的活動，

從而造成焦慮不安等情緒變動。這些狀況多半發生在月經來前 5 到 11 天，一旦月經來後，症狀就解除了。若出現較為嚴重的經前症候群症狀，建議及時就醫，醫生會評估是否有婦科疾病或甲狀腺功能低下等問題。

建議同時透過「吃好、睡好、運動好」的健康生活方式來改善，確保充足營養和健康作息，並透過合理的運動強化副交感神經，緩解緊繃情緒和焦慮感。

5 月經滴滴答答不停

月經總是滴滴答答淋漓不盡，真叫人崩潰！有這樣痛苦的女性不在少數，為什麼大姨媽總是不願意乖乖聽話呢？其實當妳的月經出現問題，很有可能就是身體正在向妳發出警報！

當月經出現滴滴答答的情況，排除掉生理性的病變之外，我們首先要考慮的是妳有沒有排卵。前面我們講過，如果沒有排卵，妳的身體就不會產生黃體素，導致子宮內膜無法正常脫落**（會斷斷續續在表層脫落）** 從而出現滴滴答答淋漓不盡的現象，這就叫做功能性子宮出血或不正常出血（**Breakthrough bleeding**），其實也就是撤退性出血。

那麼如何確定自己有沒有排卵呢？我們可以通過抽血檢測黃體素的數值，或是做超音波，更簡單的方式是在家裡測量自己的基礎體溫，並做好記錄，透過觀察基礎體溫表，瞭解一些身體訊息。我們

都知道，排卵後會產生黃體素（在超音波下也看得到），而黃體素會使妳的體溫升高，所以若妳有排卵，基礎體溫就會升高；反之，若妳的基礎體溫沒有高低溫的差別，就代表妳可能沒有排卵喔！

還有一種情況是排卵性出血，偶爾發生在排卵期。因為 E2 和黃體素青黃不接時，偶爾會出現出血伴隨拉絲白帶，這是屬於正常現象。第三種情況是排卵後到月經來之前，因為黃體不足造成子宮內膜脫落，這時在基礎體溫表上會看到高溫天數較短。若抽血檢測排卵後的黃體素較低，主要是因為卵子品質不好，且是雄性素較高所造成的。

那麼讓我們再回到最初那個問題：為什麼大姨媽總是不願意乖乖聽話？很大一部分原因與卵子品質有關，若雄性素過高而無法選出優勢卵泡，可能就會使週期拉長甚至不排卵。

因此追本溯源，請好好把妳的卵子養好！讓妳的身體擁有充足的養分。要知道，當妳攝入的養分不足時，身體會優先把養分提供給大腦、心臟、肝臟等重要器官（因為要先保證妳能活下去），而子宮、卵巢等生殖器官就會被忽略掉。若長期無法提供充足養分，妳的子宮卵巢自然就會出現問題。它們無法跑到妳耳邊跟妳說：「欸，我出問題了喔，請妳好好照顧我。」只能透過月經不正常等方式，向妳拉警報！所以，請好好照顧自己的身體，不要再抱怨為什麼大姨媽總是不願意乖乖聽話，而是先好好想想，如何養卵──「吃好、睡好、運動好」以提供身體充足養分！

 # 卵巢健康與不孕有何關係？

妳知道什麼叫做多囊卵巢嗎？

多囊卵巢其實就是雄性激素過高引起的，當身體雄性激素過高時，卵巢是沒有辦法選擇出優勢卵泡的，換句話說，這個過程就好像一個選美比賽，雄性激素最低的卵子最美麗，它會被選出來成為優勢卵泡；反之，當選不出來的時候，又會重新迴圈至重複篩選的過程，所以才會聚集成很多小卵泡。

而多囊卵巢的雄激素是來自它的胰島素抗性，要知道 80% 的胰島素在為肌肉工作。打個比方，胰島素就像妳的秘書，要把它訓練得非常靈敏，它的效能才會好。所以運動的過程，就像妳在對胰島素秘書進行培訓，常常培訓它，它的工作就會做得好。換句話說妳長了肌肉以後，胰島素的效能就會變好了。

那麼為什麼有些多囊卵巢患者非常胖？我們前面打比方說胰島素就像妳的秘書，當妳需要用到 80 倍胰島素來做的工作，別人只需要 8 個，那麼相對的妳付出的薪水就比較多了。而這個薪水，就是

妳的脂肪，因此胰島素高就會變胖。所以妳只要讓身體效能變好、把胰島素控制好，身材就會變好了。而有許多多囊卵巢病人開始增肌減脂後，會發現她也開始恢復排卵了。

在這裡我分享一個多囊卵巢病人的成功案例，希望給大家帶來一些幫助。我有個典型的多囊卵巢病人，結婚後好多年都沒法懷孕，當時她比較急著做試管，但是她的血糖和胰島素都比較高，這樣的卵子即使取出來也沒有營養，等於是空包彈，做試管的成功機率也不高。我建議她先透過飲食、運動將卵子的品質養起來，這樣才能提高試管的成功機率。她努力做了一段時間的健康飲食、增肌減脂後，血糖和胰島素都恢復正常值，也恢復了排卵。最後取出 14 個品質不錯的卵子，配成了 9 個囊胚，一胎順利成功！不久前又懷了第二胎。所以，多囊卵巢病人的關鍵在於控制胰島素的效能，更因為大部份的胰島素為肌肉工作，如果妳也想成功，就趕快開始健康飲食、增肌減脂吧！

多囊卵巢 9 問

1 圖解多囊卵巢

多囊卵巢就像田裡長了很多稻苗，但沒有耕田就長不出成熟的稻子，也就是沒有成熟的卵泡，自然也就不會排卵了。所謂的耕田，指的就是日常的健康飲食、充足的睡眠、合理的運動，這樣才能給卵巢子宮提供充足養分，養出優質卵子。

2 如果把多囊卵巢病人比作不同動力的車子

我們來打個有意思的比方：多囊卵巢病人因為吃得少、跑得慢、體脂肪比較高，就像一輛小車，如果勉強懷孕的話，很有可能小車拖著大車，難免力不從心、引擎冒煙，也就是我們常說的妊娠高血壓。其治療的方案就是讓小車變強壯，如此一來母體強壯了，懷孕的時候壓力和風險自然也就小了，寶寶也能健健康康地在肚子裡

發育。因此懷孕後不但要注意健康的飲食和良好作息，適當的運動也是不可或缺的，因為適當的運動會幫助身體吸收養分，就像有耕田養分才會吸收，最終才能長成飽滿的果實。

❸ 多囊卵巢病人的營養攝取問題出在哪裡？

2013 年我在《歐洲營養學雜誌》上發表過一篇文章，文章中提到，多囊卵巢病人在日常飲食中會攝入較多脂肪，吃較為油膩或高熱量的食物，例如炸雞、薯條等。但是，澱粉類的攝入卻較少，也就是說比較不愛吃主食，這樣一來在營養攝取上就會出現問題。

多囊卵巢病人就像一輛馬力不足的車子，常因動力不夠而開得又慢又拖拉。這裡說的動力是什麼呢？就是我們身體每日攝入的養分。健康的飲食結構應該是一個金字塔的形狀，底層是澱粉主食類，往上是蛋白質、纖維、維生素等，最頂端那小小一塊才是油脂。如果我們攝入過多油脂、過少澱粉，就等於把這座金字塔倒了過來，完全失去了平衡。而且炸雞薯條這一類不健康食物的脂肪，被身體吸收後轉化成的細胞膜會直接影響胰島素跟細胞的受器結合，於是就會發生胰島素阻抗。

因此建議多囊卵巢病人及時調整飲食結構，早餐、中餐及運動前應增加攝取較多優質澱粉熱量，才能提高代謝、增加發動機的馬力，

使身體跑得更快更遠。但值得注意的是，晚餐不要攝入澱粉類，應攝入較多蛋白質及纖維，也就是多吃青菜和魚肉類，因為晚上的汽車已經乖乖在車庫休息睡覺了，不需要再加油了。此外平時還需要配合適當的運動、增肌減脂，才能改善胰島素的效能。

4 選擇什麼運動能快速有效改善多囊卵巢？

醫生通常會建議多囊卵巢病人多做運動來幫助治療，但妳知道選擇什麼樣的運動能最快、最有效改善多囊卵巢嗎？答案就是飛輪！從 2006 年起，臺北臺安醫院就開始建議多囊卵巢病人做飛輪運動。資料表明，做了飛輪運動的病人不僅能有效改善多囊卵巢，還能增加自然受孕的機率。有許多病人進行飛輪運動幾個月後都自然懷孕了。2011 年，紐約時報更發表一篇文章表明，許多研究顯示，飛輪運動的效能是跑步的兩倍。所以踩飛輪又省時且對心肺功能提升有效率。

那麼為什麼飛輪運動對多囊卵巢的治療有這麼神奇的功效？這是因為踩飛輪會促進子宮和卵巢的血液循環，讓它們被充分滋養。而且飛輪的效率會讓妳的心肺功能大大增強，非常有助於改善多囊卵巢。但所有這一切的前提是，妳必須先吃得健康，讓身體有足夠養分攝入。因此，踩飛輪前一個小時，要提前補充一些優質澱粉，可以吃一點主食和水果，切記不能餓著肚子運動，會適得其反！

5 什麼樣的保養品適合多囊卵巢病人？

常常有病人問我:「醫生,我該吃點什麼營養補充食品來改善多囊卵巢?」我會建議她們吃輔酶 Q10。前面我們講了多囊卵巢病人可以通過踩飛輪來增強血液循環、提升心肺功能,從而改善多囊卵巢。那麼輔酶 Q10 的作用,就是將踩飛輪的效果再做提升。

輔酶 Q10 是存在於粒線體的一种輔酶,粒線體就好比細胞的供電公司,會幫助細胞增加發電效能,讓細胞充滿能量。心臟的肌肉細胞裡含有很多粒線體,輔酶 Q10 能讓心臟的電力公司加強發電,增加心臟的功能。

那麼它和踩飛輪又有什麼關係呢?因為運動量大的細胞所含粒線體最多,當妳開始飛輪運動,它能增加運動效能,從而強化心肺功能和血液循環,最終達到改善多囊卵巢症候群的目的。

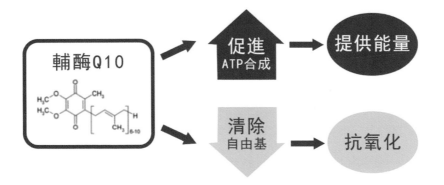

⑥ 多囊卵巢症候群病人可以外食嗎？

多囊卵巢症候群病人一般都喜歡吃油炸食品和加工食品，這使她們的飲食結構非常不健康。因為這些垃圾食品的攝入，會讓身體裡的細胞膜產生變化，影響和減低胰島素的結合效能，發生胰島素阻抗。此外還有一個生活習慣也會影響我們的健康，那就是外食。外食餐盒的製作材料是否安全，一直飽受爭議。如果我們長期吃外食，這些塑膠容器或其他不健康的包裝在裝了熱食後，會釋放有害物質，一旦攝入太多這樣的環境荷爾蒙，將影響激素代謝，造成腦下垂體的負回饋，從而抑制排卵。

⑦ 熬夜晚睡、不吃早餐，不良的習慣容易患上多囊卵巢症候群嗎？

當然會！熬夜會影響生長激素對細胞修復的能力、降低基礎代謝，也會發生胰島素阻抗。簡單來說，就會變老、變醜、變胖！特別是在產生胰島素阻抗後，特別容易發福。否則為什麼很多上夜班的人雖然吃的很少卻還是胖，就是這個原因。所以別再問自己「為什麼喝水都會胖」，先想想自己的生活作息是否不規律？

再來說說不吃早餐這個問題，不愛吃早餐的妳請注意了，這是值得花一輩子時間改掉的壞習慣。對自己好一點、愛自己多一點，從好好吃一頓早餐開始！一日之計在於晨，吃一頓豐富美味的早餐不但會擁有好心情，更重要的是讓消化系統發揮更好的功效。若是早餐匆匆忙忙應付了事，交感神經就會增強、副交感神經減弱，腸道對

魏 醫 師 碎 碎 唸

我 曾經有一位多囊卵巢病人，她的飲食運動作息都很正常，卻仍然沒有排卵。後來才瞭解到，原來她和先生的性生活較少，她懷疑先生不愛她了。我建議他們夫妻一同上心理減壓課，後來有一個月，她忽然自然排卵了，原來是有一天先生趁她睡覺時偷偷親了她一下，讓她感覺到了愛。妳知道嗎？備孕夫妻應該多去製造「催產素」，催產素是一種非常特殊的物質，它甚至比多巴胺更能讓人心情愉悅，它能使人感受到愛、感受到幸福，讓每一天都被「愛」包圍著，當然就能夠輕鬆好孕啦！

營養的吸收就會降低，造成代謝不良。當吃不到足夠的營養，子宮卵巢就無法被滋養，自然就會發生多囊卵巢和宮寒了。

❽ 為什麼在治療多囊卵巢時，改善生活方式優於吃 Diane-35 ？

前面文章提到，多囊卵巢症候群病人大部分是因為飲食不健康、作息不規律、不愛運動造成的。這樣不良的生活習慣，會讓妳的身體缺乏營養、代謝不良、內分泌失調，使雄性激素增高從而發生胰島素阻抗，也就是多囊卵巢症候群。常用的治療方式是吃 Diane-35，但這麼做只能靠短暫抑制排卵來降低雄性和雌性激素。

其實有一種方法能從根本改善妳的體質，達到治療多囊卵巢的功效，它無毒無害無副作用，且優於 Diane-35，就是改善妳的生活

方式。妳需要做的是健康飲食、按時作息、適當運動，讓身體攝入足夠的營養、保障充足的睡眠，再加上適當的運動，就能讓妳從根本上改善體質，治療多囊卵巢症候群。

9 卵巢打孔可以治好多囊卵巢症候群嗎？

答案是治不好的，因為採用卵巢打孔的方法，只能暫時燒掉一部分卵泡，短暫降低雌激素和雄激素，雖然有可能短時間內恢復排卵，但無法根本治療。就像為了讓田裡一部分稻子吸收更多營養，而割掉另一部分一樣，是治標不治本的方法。而且有時過度破壞卵巢，反而造成卵巢功能下降。

卵巢早衰

卵巢早衰 (premature ovarian failure) 是指女性在 40 歲之前出現閉經，伴有濾泡激素升高 (FSH>40)。2016 年歐洲生殖醫學會提出將卵巢功能不全 (premature ovarian insufficiency) 的診斷閾值改成 (FSH>25)，希望可以達到早期診斷治療的目的。卵巢儲備功能下降 (diminished ovarian reserve)，常指抗繆勒氏荷爾蒙 (AMH，少於 0.5-1.1 ng/ml)，雙測卵巢竇卵泡數少於 6 個。

其實卵巢儲備功能下降的判定還是應該依年齡比較來判讀，才可以早些採取預防措施。從卵巢儲備量下降，到卵巢功能不全，直至卵巢早衰是漸進性的臨床症狀，剛開始時可能只是月經量減少、月經週期拉長、淋漓不盡等症狀，慢慢發展愈加嚴重，直至停經！

卵巢功能下降可能的原因有：

❶ 遺傳(少數原因)。例如透納氏症(Turner's Syndrome)，X 染色體脆折症(Fragile X) 等；

❷ 卵巢手術。例如巧克力囊腫等；

❸ 代謝不好造成卵巢的血液循環不良(宮寒)。例如熬夜，減肥等不良生活習慣。

卵巢早衰的主因

妳知道嗎？當我們在青春期的時候，卵巢有上百萬的卵泡，而我們這輩子真正排出的成熟卵子大概只有 400 到 500 個，那其餘的卵子到哪去了呢？

我們可以把卵巢比喻成一塊田地。好的田地十分肥沃、養分充足，那麼田裡的種子自然就能生根發芽茁壯成長。反之，如果田地長時間都處於乾旱狀態，就會逐漸從綠洲變成沙漠。所謂沙漠就是寸草不生，慢慢的所有種子都滅絕了，就如同絕經了，這就是我們常說的卵巢早衰。

那麼為什麼我們的卵巢會變成沙漠呢？為什麼土地裡的種子會滅絕呢？其實還是我們常常談到的觀點 —— 養分。之所以發生卵巢早衰，最重要的原因就是身體長期缺乏養分，換句話說我們的卵巢血循環不足。為什麼會血循環不足呢？這又得提到宮寒了。我們知道當身體養分不足的時候，身體會自動優先將養分提供給重要的器官，其次才是卵巢和子宮。

什麼樣的人會血循環不足呢？❶心肺功能不佳的人，這類人要特別注意了，因為妳長期沒有鍛鍊才導致血循環不足；❷經常熬夜的人，這類人生長激素降低，當然身體養分供給也就不足了；❸減肥的人，我們時常看見許多女孩想要減肥，首先就是減少食物攝取。但妳知道嗎？這樣會把代謝降低，進而導致妳的卵巢卵子營養不足，並加速自然消亡，也就造成卵巢早衰了。

因此，還是那句老生常談，關愛妳的卵巢從健康飲食、運動健身、告別熬夜做起，以延緩卵巢衰老。即使當卵巢已成了脂肪組織，只剩周邊的小小濾泡，彷彿沙漠中的一小片綠洲，但妳相信嗎？即使是沙漠中的小綠洲，依然有發展的潛能，只需要雨水的滋養，這個綠洲裡的小卵泡就會接收到養分，開始慢慢長大，發芽成熟。

而這個養分從何而來？當然是從我們日常的健康飲食、規律作息和適當運動中而來，這會給予身體足夠養分，讓子宮和卵巢被滋養，培育出更好的種子、開花結果。因此卵巢早衰的人，更要注重養分的獲取，堅持下去，沙漠也能成綠洲。

 # 子宮與不孕有何關係？

子宮外孕的危害

子宮外孕，就是胚胎著床不在子宮內，多見於輸卵管，也可能發生在子宮頸、子宮角**(輸卵管與子宮的交接處)**，甚至是卵巢等處。

在胚胎著床初期時，一般血值**(HCG)**翻倍較差，在陰道超音波**(以下簡稱「陰超」)**下無法發現孕囊，甚至在宮外卵巢邊發現有孕囊，臨床上病人常常會發現不正常出血。所以當尿條或血中 HCG 確定懷孕但不正常出血，需追蹤血值與陰超來確定是著床性出血或子宮外孕。

子宮外孕對女性的危害非常大，嚴重時甚至會造成生命危險。早期人們對子宮外孕的關注都放在輸卵管上，一開始試管嬰兒的研發也是針對輸卵管不通的病人。但事實上，現在許多子宮外孕患者在手術過程中，才發現她們的輸卵管狀況是好的，反而是胚胎品質或子宮狀態不好，從而導致子宮外孕的發生。

我常常比喻輸卵管就像一條馬路，而胚胎就是馬路上行駛的車輛，子宮外孕就像一場突發的交通事故，行駛的車子卡在馬路中央動彈不得。這有可能是因為車子的品質不好 **(胚胎品質不好)** 拋錨了，也有可能是馬路的狀況不好 **(輸卵管問題)** 坑坑窪窪不好走，這些都是導致子宮外孕發生的原因。此外還有子宮腺肌症、子宮狀況不好及血液循環不夠造成宮寒時，胚胎寶寶選擇更加溫暖的地方 **(例如輸卵管)** 著床這幾種可能。

子宮為什麼會寒？

如前所述，若養分不夠充足，那麼身體一定優先將養分提供給大腦、肝臟、心臟等重要器官，然後才是免疫系統，接下來是肌肉，最後才是子宮和卵巢。所以嚴重缺乏養分的人，基本上代謝都不好，例如糖尿病病人容易發生腦部智力減退、健忘的情況，甚至需要進行腎臟透析。但若只到胰島素阻抗的階段，還沒有到糖尿病，身體會先減低生殖器官的養分供應，也就是我們常說的「宮寒」了。

廣義的「宮寒」包括卵巢供血不足及子宮供血不足，當卵巢的營養不足的時候，我們的優勢卵泡成長較慢，而且品質較不好。好比工廠正常交貨週期為兩週，但養分不足時製作週期就會延長，而且生產出來的產品故障率也較高。這也是誘發子宮外孕的原因之一，因為胚胎的品質不好，就像馬路上前行的車子拋錨了一樣，在輸卵管中造成子宮外孕。

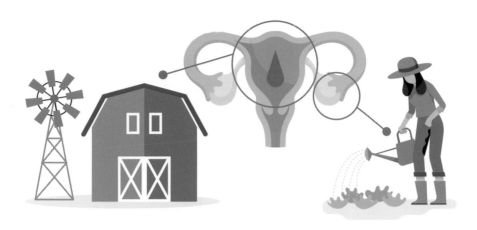

孕育胚胎的過程就像種稻，子宮就好比田地，我們必須先把田耕好了才能播種插秧。如果子宮的養分不夠，供血不足時就插秧種稻子，那麼極有可能導致稻苗長到一半，就因養分不足枯萎了，也就是我們所謂的胎停(**稽留停產**)。當妳的胚胎著床之後，養分不足供血不夠的時候就會發生胎停。

我常跟病人說，要把田耕好，讓我們子宮這塊土地有充足的養分孕育寶寶。就像當我們的運動、睡眠品質好，我們的血液循環就好，再加上健康飲食給予足夠養分，我們子宮裡的胚胎就會像稻子一樣粒粒飽滿了。

但是目前有很多人覺得胎停的發生是因為自體免疫的問題。什麼叫自體免疫呢？就是我們身體裡的白血球發起了攻擊，而攻擊的對象是我們自己的細胞，因此也包括胚胎。我常跟病人解釋，那為何我們的白血球會對自己的細胞發動攻擊呢？是白血球錯亂了嗎？不是的，是因為妳吃的食物不夠健康造成的。例如當我們人體攝入

地溝油或反式脂肪時，這類脂肪可能會作為細胞的細胞膜原料，然後白血球會認為這些細胞是外來的，從而發生攻擊。

所以我們應該改變不健康的飲食習慣、製造健康正常的細胞，來避免自體免疫問題的產生。因此，一定要給予身體提供足夠的營養——「吃好、睡好、運動好」，保持健康的作息，避免胎停。

子宮頸問題會影響懷孕嗎？

很多女性在做子宮頸薄層抹片 (TCT) 時，很擔心它會影響試管成功率！其實在孕前檢查中，子宮頸檢查是必要的，因為若在懷孕過程子宮頸出了問題，會讓妳孕期的狀態變差，所以應當在孕前作好處理。

若是已經做過利普刀 (LEEP)，也就是子宮頸錐形切除術，但又有懷孕需求的女性，建議考慮做人工授精。因為切除的細胞會減少拉絲白帶的分泌，從而影響自然受孕的機會。

至於子宮頸發炎，若只在抹片上觀察到一些白血球，只要做好治療是不會影響懷孕率的；但若有細胞發生改變(**例如子宮頸上皮內贅瘤 CIN- 輕、中、重度**) 雖然不會影響懷孕率，仍必須持續追蹤以免子宮頸發生癌變。

子宮內膜沾黏、子宮內膜增生

子宮內膜的沾黏如同天然避孕器，因為它會影響胚胎著床！所以若是子宮內膜出現沾黏，一定要進行處理。至於子宮腔異形例如鞍型子宮、子宮中隔，則需臨床醫師視情況決定是否處理。

當妳的排卵不正常，月經也會跟著出現問題，此時子宮內膜增生的發生機率也跟著增高！由於月經的形成是從募集卵子開始，之後選出優勢卵泡，優勢卵泡排出後會生成黃體、製造出黃體素，讓子宮內膜的密度增加。若當月沒有受孕，黃體就會萎縮，導致黃體素下降，形成正常的月經。但若是排卵異常，或是沒有排卵，也就無法製造出黃體素，子宮內膜沒有辦法一次性脫落，便會出現撤退性出血，甚至滴滴答答淋漓不盡的現象，若長期堆積，就容易產生子宮內膜過度增生。所以要預防子宮內膜的增生，最重要就是要恢復排卵！

子宮肌瘤和子宮腺肌症

子宮肌瘤是女性生殖器官中最常見的一種良性腫瘤。若肌瘤不大，且追蹤過程穩定，那麼一般發生腫瘤癌病變的機率是不高的。備孕的女性若有子宮肌瘤，只要肌瘤的位置不在子宮內膜正下方，就不太會影響著床和月經量，不一定要處理，但一定要持續觀察！

子宮腺肌症則是屬於內膜異位症的一種，是指子宮內膜異位長入子宮的肌肉層裡，並保持週期性增生、剝脫、出血等功能性改變，引起相應症狀。我常和病人比喻，子宮肌瘤就像土壤裡的石頭，血液循環好就可以繞道而走；而腺肌症就像土壤裡的樹根，會影響血流及胚胎著床！

那麼患有子宮腺肌症的備孕女性，該如何增加著床機率呢？最好的方法就是打長效停經針 (GnRHa) 降調來抑制排卵，讓子宮沒有雌激素的刺激，可以讓腺肌症的病灶在有限時間內萎縮，增加胚胎著床的機會！

什麼是子宮內膜異位症？

子宮內膜異位症 (endometriosis) 是一種常見的婦科疾病，是指子宮內膜組織生長在子宮腔以外引起的病症，例如生長在子宮肌層、卵巢或盆腔內其它部位，它主要分為一二三四期：

I 期
minimal

是指有些點狀的子宮內膜異位症小病灶，它可能出現在女性的骨盆腔和一些生殖器官例如子宮、卵巢，沒有疤痕產生。

II 期
mild

相較一期病灶更多也較大，可能會有些許疤痕形成。

III 期
moderate

除了病灶更深之外，雙側或單側卵巢也可能出現較小的巧克力囊腫，而且會有些沾黏（adhesion）發生。

IV 期
severe

病灶會擴展至更廣泛的區域，而且會形成嚴重沾黏和疤痕組織，雙側或單側的卵巢都可能出現較大的巧克力囊腫，常見的子宮腺肌症也是屬於第四期的。

關於子宮內膜異位症的發生，目前有許許多多的理論，但仍沒有最終定論！最常被引用的說法是女性經血逆流，沿著輸卵管到了骨盆腔再到卵巢表層，這時若是身體裡的白血球（**清道夫**）不夠強壯、不夠有效能，就會放任它隨著月經週期慢慢形成病灶，例如巧克力囊腫或類似疾病。當然，也有很多其他說法，例如骨盆腔的細胞轉變成子宮內膜，甚至也有胎兒時期形成的。

子宮內膜異位症最常見的症狀是疼痛，尤其是月經週期時的疼痛。再來就是造成不孕，還有月經量的增加。

當然，除了痛經之外，還有一些其他的症狀例如拉肚子或是性生活疼痛的狀況。值得注意的一點是，疼痛的強弱並不能作為判斷子宮內膜異位症嚴重程度的標準。有些人只是輕微子宮內膜異位症卻非常疼痛；有些人病情已經非常嚴重了，卻完全沒有症狀，直到照了超音波後才發現自己有巧克力囊腫。

子宮內膜異位症的後遺症

子宮內膜異位症除了疼痛和引發腸胃不適之外，有將近一半的患者會有不孕的狀況出現。其中一部分原因是子宮內膜異位症造成輸卵管和骨盆腔的沾黏；還有病灶產生的細胞素會影響精子和卵

魏 醫 師 碎 碎 唸

20 年前我曾經有一位病人，每次月經來的時候都會血崩，甚至必須穿成人紙尿褲，嚴重時甚至要輸血。在經過兩次手術切除腺肌症的病灶（Debunking），最後打 GnRHa 長效停經針植入胚胎後，現在小孩已經快 20 歲了。後來在廈門也有一位病人，年紀很輕但是患有嚴重的腺肌症，從陰道超音波竟然看不到子宮盡頭。之後我們讓她打 GnRHa 長效停經針 6 個月，取卵後冷凍了很多漂亮的胚胎，最終成功好孕，現在寶寶已經 2 歲而且很健康。

備孕小知識

甚麼是巧克力囊腫？

巧克力囊腫，顧名思義就是卵巢的囊腫裡面含有類似月經血的積貯！也就是子宮內膜異位瘤（endometrioma），絕大部分都是良性的。發生原因是因為子宮內膜組織異位生長在卵巢，而我們的免疫系統沒有即時清除它，伴著月經來時造成月經血的積貯。

子。所以一旦發生子宮內膜異位症，醫生都會建議患者儘早懷孕。再來就是卵巢腫癌，有些研究發現子宮內膜異位症會增加卵巢癌的發生機率，雖然機率較低，但還是有追蹤的必要性。

不過 1997 年美國不孕症醫學會達成一項共識，並且於 2019 年美國生殖醫學年會又重新作了一次揭示。不孕症病人治療子宮內膜異位症時，手術並不是第一選擇，因為當卵巢切除巧克力囊腫時，多少會傷害到正常的卵巢組織，這也是為何手術後 AMH 會下降較多的原因之一。所以我們一般會建議病人先冷凍胚胎，再打 GnRHa 長效停經針抑制子宮內膜異位症，最後再進行胚胎植入。

此外還有關於陰道超音波下卵巢抽吸巧克力囊腫的治療方式，2019 年美國生殖醫學年會也再度重申，這麼做容易造成日後卵巢膿瘍，所以此治療方式要盡量避免，若真有其必要性，則建議術前以抗生素避免感染。

男性不孕症原因概談

江漢聲教授／提供

不孕症不是一種單純的病症，必須找到男性或女性不孕確實的原因**（如男性無精蟲、女性不排卵）**。只是不孕是男女生育力的綜合表現，意思就是如果一方生育力強**（例如男性快速活動力精蟲多、女性年輕生育力正常）**，另一方即使有些缺陷**（稱為低生育力 Subfertile，如男性精蟲數量少或活動力不足、女性年紀大或排卵有問題）**，生育力還是可能正常的。此外，不孕經常是身心綜合的症狀，即使雙方生理都很正常，也還是可能長期不孕；即使都有些缺陷，也可能很快就懷孕了。因此，治療不孕並非只靠藥物或人工生殖科技，確實進行生活調整、心情放鬆，甚至另類療法，都有一定的效果。

如果從嚴重度來分類男性不孕，可以分成 3 種，第一種是輕度不孕**（即 Subfertile）**，指的是精蟲較少或活動力較差，造成的原因包括環境因素，如污染、高溫工作、抽煙、生活不規律、睡眠不足、藥物影響等，治療方法是消除這些原因，然後採用低溫治療。首先算準伴

侶的排卵期，每天將陰囊浸在冷水中約 20 分鐘，隔天同房一次，便能創造最高的授孕力。

第二種是精蟲品質極度不良，標準是每 CC 精蟲數小於 200 萬隻，快速向前竄動精蟲小於 20%。這類病人的病因如精索靜脈曲張、部份隱睪症，有些可藉由手術矯正，但其他不管是後天因素如腮腺炎或高燒後遺症，或先天因素如 Y 染色體小段缺損、睪丸發育不良等，除了少數對腦下垂體激素有反應，其餘在治療上相對困難。這時若女性伴侶年紀大、生育力不強的話，應即早考慮人工生殖科技。

第三種則是無精蟲的重度男性不孕，這又分成幾類，一類是睪丸正常，即所謂阻塞性無精蟲症，最先須考慮的是外科手術，例如輸精管結紮後，不管多少年後再接通的成功率還是很高的；若是炎性反應的後遺症，做副睪丸輸精管的吻合術成功率則沒那麼高，不過在考慮人工生殖科技以前，打通輸精管還是較經濟實惠的考量。另一種先天無輸精管的病人，睪丸基本上是正常的，這時採取卵細胞質內單一精蟲注射之試管嬰兒科技的成功率很高。

還有另一類無精蟲症來自睪丸因素，是男性不孕症中最難治療的一種，其中只有腦下垂體不足所引起的睪丸發育不全，可以透過腦下垂體激素(FSH+HCG)治療成功。其他睪丸萎縮或睪丸無精蟲症，原因則包括先天的遺傳疾病，像染色體異常 47XXY、Y 染色體缺損、有 SRY 基因的 46XX 等，以及兩側隱睪症或是因幼年期腮腺炎、其他炎症反應引起睪丸萎縮的後遺症，這些病人的睪丸變得很小，在以往都不可能以自然性行為方式，透過自己的精蟲來使伴侶懷孕。但在試管嬰兒的時代，仍然可以進行睪丸取精術，在顯微鏡下做精原小管的搜尋，找出尚有精蟲的小管來取精，稱之為顯微取精術(micro-TESE)。每一種睪丸萎縮病人，都有找到精蟲的機會，雖然比率沒有高過半數，卻讓這些病人能以自己的精蟲進行試管生育。

男性不孕為男性病人帶來相當大的壓力，尤其是重度睪丸無精蟲病人。所以一方面要作專業的不孕諮商，另一方面還可採取另類選擇，包括用捐贈者精蟲做試管嬰兒及領養等。畢竟在所有治療都失敗之後，影響這些夫婦幸福層面非常之大，所以我們要將不孕治療人性化、進行身心靈通盤考量，才能真正深入瞭解不孕症、找出解決方案！

男性不孕狀況		形成原因
輕度	精蟲較少或活動力較差	環境因素：污染、高溫工作、抽煙、生活不規律、睡眠不足、藥物影響等
中度	精蟲品質不良	精索靜脈曲張、部份隱睪症、（後天因素）腮腺炎、高燒後遺症（先天因素）Y染色體小段缺損、睪丸發育不良
重度	無精蟲男性不孕	阻塞性無精蟲症、炎性反應後遺症、先天無輸精管、腦下垂體不足所引起的睪丸發育不全、睪丸萎縮或睪丸無精蟲症、兩側隱睪症或是因幼年期腮腺炎、其他炎症反應引起睪丸萎縮後遺症

情緒與不孕有何關係？

臨床心理師 鍾昀蓁／提供

隨著社會進步發展，生活條件逐漸優化，有越來越多人走上不孕不育的道路。許多患者多次到醫院檢查都找不出不孕的根源。研究發現，心理壓力會提高不孕症的發生機率，而生活型態則是造成心理壓力的關鍵。許多不孕患者勞於工作、精神緊張，加上人際壓力，甚至是想要懷孕的迫切心情，一起讓生活變得一團糟，急性高度壓力或持續性的慢性壓力，都會引起神經內分泌功能失調，進而影響生殖系統的功能。

壓力會降低懷孕機率及其生物性證據

從神經內分泌機制上發現，隨著壓力出現，兩類重要的激素包含內啡肽、腦啡肽**（主要是前者）**會抑制促黃體激素釋放激素 (LHRH) 的釋放；另外垂體激素**（催乳素）**和糖皮質激素**（壓力荷爾蒙）**會降低垂體對 LHRH 的敏感性。男性方面則會造成男性激素睪固酮下降，影響精子品質；女性方面，糖皮質激素也會影響卵巢，使卵巢對黃體素 (LH) 反應減弱。其結果是降低了 LH、濾泡刺激素 (FSH) 和雌激素的

分泌，使排卵的可能性降低，造成卵泡期延長，使整個月經週期變長而不規則，甚至不排卵。壓力期間催乳素的釋放也會導致黃體素水準經常被抑制，從而破壞子宮壁的成熟，造成著床困難。

壓力引發的自律神經失調也會干擾生殖系統作用，當男性緊張或焦慮時，副交感神經活動會被抑制，導致勃起困難；而如果是已勃起的狀態，焦慮的心理狀態導致副交感神經轉換為交感神經的速度過快，也會造成早洩的情形。此外，勃起或早洩功能障礙本身對於男性就是一項高壓力源，是使男性陷入恐懼本身的惡性循環。許多研究顯示，超過一半的男性就診時抱怨生殖功能障礙是來自「精神性」陽痿，而不是器質性陽痿，因為他們透過「快速眼動睡眠時(晨醒)勃起」來判斷自己是心理因素造成的。女性方面，研究顯示在交感神經過度激發下，導致去甲腎上腺素和腎上腺素分泌增加，這兩樣激素將顯著減少子宮內血流量、減少向胎兒輸送氧氣，進而增加流產的可能性。在妊娠晚期則可能由於糖皮質激素(壓力荷爾蒙)升高，增加早產的風險。

無論男性或女性，壓力會抑制各種性激素的分泌，導致性欲下降，無論是尋求或接受性行為上，都會受到影響。原本親密的肢體肌膚接觸會觸發副交感神經的活化，帶來放鬆的感受，但是當伴侶間的親密、信任關係受到威脅，或是性生活因備孕壓力而變成任務，並非帶來愉悅的享受時，同房便成了一種焦慮情境，更容易引發壓力連鎖反應。

根據常見的心理調適困難進行自我評估

從上一部分我們瞭解了壓力如何透過生理機制影響生殖系統，明白過度壓力將導致不孕機率增加。但是壓力人人都有，究竟什麼程度的壓力才是需要關注的？以下我們運用「心情溫度計」來監測情緒狀態：

簡式健康量表（BSRS-5）

請仔細回想一下，最近一週中（包括今天）這些問題使妳們感到困擾或苦惱的程度，然後圈選一個最能代表妳感覺的答案。

	完全沒有	輕微	中等程度	嚴重	非常嚴重
❶睡眠困難，譬如難以入睡、易醒或早醒	0	1	2	3	4
❷感覺緊張或不安	0	1	2	3	4
❸覺得容易苦惱或動怒	0	1	2	3	4
❹感覺憂鬱、心情低落	0	1	2	3	4
❺覺得比不上別人	0	1	2	3	4
★ 有自殺的想法	0	1	2	3	4

請填寫檢測結果

❶～❺題總分 ▶ 分

◆ **總得分 0～5 分**：身心適應狀況良好。

◆ **總得分 6～9 分**：輕度情緒困擾，建議找家人或朋友談談，抒發情緒。

◆ **總得分 10～14 分**：中度情緒困擾，建議尋求紓壓管道或接受心理專業諮詢。

◆ **總得分＞15 分**：重度情緒困擾，需高度關懷，建議諮詢精神科醫師接受進一步評估。

★有自殺的想法

◆ 若前 5 題總分小於 6 分，但本題評分為 2 分以上時，宜考慮接受精神專科諮詢。

 # 年齡與不孕有直接關係嗎？

在看診的過程當中，我們常遇到病人問：「醫生，是不是年紀越大生育能力就越差？」在回答這個問題之前，我想先跟大家分享當今一個特別現象——高齡產婦和高齡不孕。為什麼會出現這個現象呢？因為臺灣年輕人大多不想那麼早有小孩，選擇先打拼事業，等到想生的時候，往往已經高齡了。但年輕時沒有好好愛惜自己的身體，想生小孩的時候身體已經出現種種問題，導致不孕。

我自己就是一個活生生的例子，36 歲才生第一胎，也算是高齡一族。但因為備孕時重新打造規律健康的生活、減少夜班，所以在兩年後也順利生下第二胎。之所以分享我的個人經歷，是想告訴大家，高齡與生育能力差之間並不能畫上等號。我有過許多的病人，因為年輕時過度透支身體而導致多年不孕，來做試管時往往已經不年輕了，但這些病人透過調整作息、健康飲食、堅持運動一段時間後，各項指標反而有了不同程度的提升，進而成功懷孕。

我有一位高齡卵巢早衰的病人，她的 AMH 只有 0.13，FSH 高達 51。我對她說：「你會比年輕的病人難一些，要平常心努力去做，只問耕耘不問收穫喔！」她聽了我的話，真的保持一顆平常心去努力了。有一天，在超音波下看到兩顆小卵泡，取卵後竟然養成了兩個囊胚。她很平靜地對我説：「那就植入吧……」也許正是這份平靜，讓她生下了一個可愛的小寶貝。現在她已經 46 歲了，正準備來植入第二個胚胎喔！

為什麼年輕的時候完成不了的事情，高齡時反而能成功呢？秘訣就在「**養分**」。當妳吃得營養、睡得安穩、認真運動後，身體就有足夠的養分，自然就有好的土壤供種子生根發芽了。因此，高齡備孕更要把握正常生活、飲食、運動的原則，讓身體在充足養分之下，完成懷孕生小孩這個目標。

人工輔助生殖技術概談

透過上述文章可以知道，在進行到人工輔助生殖技術前，應先從調整與改善日常生活著手，再來考慮人工輔助生殖技術。

我們最常聽到的「試管嬰兒」,就是體外受精聯合胚胎移植技術 (IVF)。分別將卵子與精子取出後,用人工方法使其受精並進行早期的胚胎發育,然後移植回母體子宮內著床、發育、誕生嬰兒。當時該技術被稱為人類生殖技術的一大創舉,引起醫學界相當大的轟動。最初的不孕症患者,因為輸卵管問題導致卵子無法與精子相遇、受精,而試管嬰兒技術的出現,即可解決這項問題,為不孕不育症的治療開闢了新的途徑。

在此之後,試管嬰兒技術日益成熟,也有了新的發展和變革,二代試管隨之出現。說起二代試管,它其實是一個美麗的錯誤,這個美麗的錯誤發生於 1992 年比利時的實驗室中。當時實驗室針對精子品質較差的病人,把 5 到 8 隻精子放到卵子極體下面的空腔。但有一天,工作人員不小心戳破了卵子的細胞膜,卻意外發現胚胎的受精率及品質是好的。於是卵漿內單精子注射 (ICSI) 二代試管嬰兒技術就此誕生,解決了因男性因素導致的不孕問題。

日後隨著分子生物學的發展,在人工助孕與顯微操作的基礎上,胚胎著床前遺傳

病診斷(**PGD**)開始發展並運用於臨床。當打排卵針得到較多卵子，並經由實驗室培育出較多胚胎，再加上遺傳診斷學的進步，共同奠定了三代試管的基礎。三代試管技術的產生不僅能解決不孕不育的問題，還具有革命性的突破，從生物遺傳學的角度幫助人類選擇最健康的後代，為有遺傳病的父母提供生育健康孩子的機會。

記得我在 1990 年前往新加坡，參加世界婦產科學會大會，會中英國 Edwards 團隊報導了第一例利用 PCR 檢測作胚胎著床前診斷，為血友病患者挑選出女胚胎，來避免病患的下一代也有血友病。(**hemophilia**)。而遺傳診斷學日益進步，如晶片的應用、測序的應用，進一步檢查出更多染色體基因是否正常，從而選擇出正常的胚胎，很大程度上都能降低流產或試管失敗的機率。

# 試管為什麼會失敗？

試管失敗原因有兩點，第一是胚胎的品質；第二是胚胎的生存發育環境。讓我們一起溫習之前講過的宮寒部分。寶卵泡就好像種子，它必須有足夠養分才能發育為熟的卵子。所以在做試管的過程中，很多人一開始的卵泡數量很多，可是在打排卵針的過程卻逐漸減少，這就是養分不足導致的問題。比如在打排卵針的過程中不小心感冒了，這時妳身體的養分就要分出一部分去跟白血球作戰，卵泡就會成熟得非常慢，時間又會拉長；又或者打排卵針的過程妳非常焦慮，導致睡眠不佳、緊張得吃不下飯，這樣卵泡的成長也會很慢，到了試管取卵的階段，能取出的卵子數量就變少了，品質也相對不夠好。這些品質不夠好的卵子，經過受精後很難成為優質的胚胎，就像先天品質不好的秧苗，也很難長成粒粒飽滿的稻子。這也是為什麼到了第五、第六天的優質囊胚很少的原因。

有天，一對年輕小夫妻抱著寶寶來診間看我，先生拉著我不住地感謝：「魏醫師您知道嗎？我真的很感謝您給了我太太信心，我們才能成功圓夢！」我回他說：「不是我給你太太信心，是你給她的！」原來，這對夫妻曾經在其他醫院有過失敗的試管經歷，導致太太對於懷孕這件事一直沒有信心。有一天他們來到我診間，我問先生：「你對你太太懷孕這件事有沒有信心？」先生一開始不敢回答，但後來還是勇敢地對太太說：「我對妳有信心，我們一定可以成功的！」就是這句話讓他們成功冷凍了 20 個囊胚！所以在備孕的時候，先生應該給予太太信心與支持，更能幫助太太成功好孕喔！

所以，很多人發現自己有第二、第三天品質不錯的胚胎，但是這些胚胎卻後繼無力，無法發育成優質的囊胚，很大原因來自養分不足，最常發生在過瘦或過胖的病人身上，也就是代謝不良的人。當妳的養分不足時，身體會把養分優先供給大腦、肝臟、心臟等重要器官，而不會供給妳的生殖器官。同理，在男性身體狀態不好的時候，精子的生成也是不好的，自然也影響胚胎的品質及正常比率。所以我們常常看到有些先生，黑夜當白天過、菸不離手，這樣的人在做試管的時候胚胎異常比例很高。所以在做試管之前，夫妻雙方都要先把自身的身體素質提高，才能提高試管成功率。

那麼在做試管之前如何自我評估身體狀態好壞呢？
只要注意以下幾點：（✔）

1		妳的排卵時間是正常或相對提早，而不是延遲。
2		排卵後 5 到 8 天的黃體素比較高。
3		經過鍛鍊後體重相對增長，但看起來卻顯瘦而不是變胖，因為長的是肌肉，這代表身體的養分足夠。
4		維持良好心態，專注在如何吃好、睡好和運動上，而不是專注在焦慮上。因為思考過多，養分會被大腦用掉太多，這樣會影響內臟養分包括腸胃的吸收，卵子的品質也會被影響。
5		情緒非常重要！尤其很多人試管反覆失敗後，心理留下重大創傷，變得非常焦慮和沒有安全感，這些不良情緒會讓妳的卵子品質下降，所以很多人試管越做卵子越差。

不過妳可能會想,既然試管技術已經日趨成熟,為什麼還是有人會失敗呢?首先第一個問題是胚胎品質有問題、品質不佳或染色體異常,都會導致胚胎無法成功著床。當我從美國學習三代試管技術歸來,進入真正的臨床應用時,我發現越來越多病人已幾乎沒有正常胚胎可供選擇了。解決的方案就是提升卵子的品質,我開始關注血糖代謝與不孕症的關係,用備孕養卵的方式為試管病人增加成功率。

在診間我常跟病人比喻,為什麼土雞蛋的營養價值比較好?因為土雞放養、有運動、吃得天然健康且過得悠哉。同理,如果備孕的準媽媽們熬夜、吃得不健康、長期運動量不夠且緊張焦慮時,妳的卵子品質就會比較不好、做試管的成功率也會相對較差。

但若卵子品質沒有問題,就要考慮一下是否因為子宮環境不佳而導致著床失敗。常見的情況就像某些子宮疾病或是宮寒,都會影響胚胎的著床。宮寒,其實就是子宮的血液循環不好,解決方式就是每週保持兩次各一小時的有氧運動,能有效改善子宮血液循環。此外還有自體免疫等情況,也是導致試管失敗的原因之一喔!

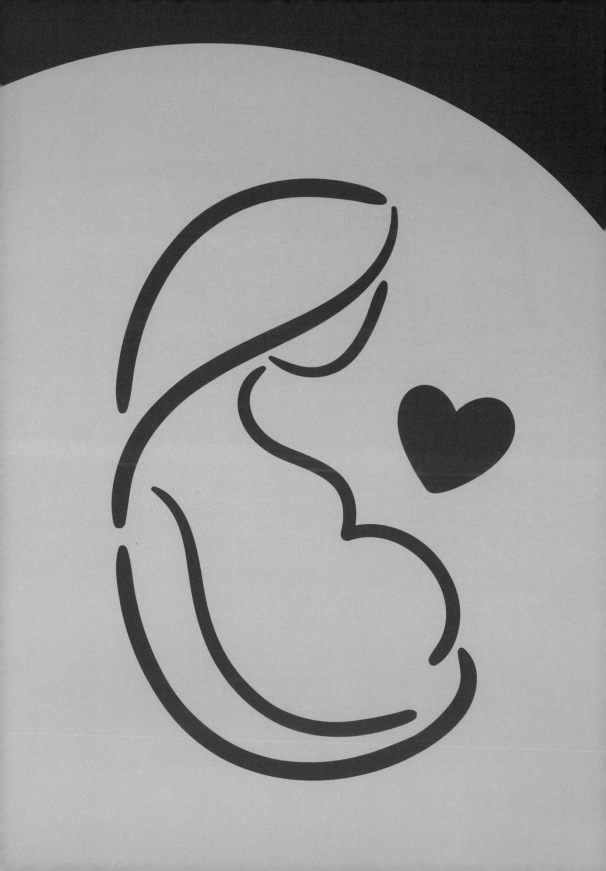

Part 2
養卵的魔法，
好孕從現在開始！

為什麼一直反覆強調「養卵」的重要性？

養卵需補充的營養素

血糖與不孕的關係

關於健康減肥，妳必須知道的！

養卵的心理調適建議

# 為什麼一直反覆強調
「養卵」的重要性？

許多備孕者都有相同的困擾，為自己的寶卵泡數量太少而感到擔心，抑或是為 AMH 值太低而憂愁不已。我決定分享一個特別病例，帶給大家正能量。為什麼說是特別病例呢？因為這位病人曾經的寶卵泡基數為 0，AMH 值只有 0.26，可以說情況是相當糟糕了。但她來就診時心態非常好，對我說只要有什麼是對她懷孕有幫助的，她都會積極嘗試去做。於是我建議她嘗試「養卵」。

在整個養卵過程中，她非常配合，堅持健康飲食、運動並且規律作息，最終奇蹟發生了，她的卵泡又重新長了出來，最多的時候竟然有 6 個。最終養出了很棒的囊胚，移植一次就成功了。所以我一直反覆強調「養卵」的重要性，因為它真的很神奇。當身體養分不夠時，它會優先減少供應養分給卵巢和子宮，那麼卵巢和子宮的血循環就不好，從而造成宮寒。當卵巢裡的卵子在養分不濟的狀態下，是無法良好生長發育的。

如何養卵？

在瞭解備孕養卵的重要性，以及可能導致試管失敗的原因後，究竟應該如何養卵呢？曾經也是一位不孕症病人的我，因為改善了生活品質，朝向健康的「**吃好、睡好、運動好**」邁進，之後竟然順利懷孕！因此我開始積極將這樣的概念告訴我的病人，以及所有備孕中的婦女。那麼，究竟要怎麼做才能「**吃好、睡好、運動好**」？有沒有明確的 SOP？當然有的！以下就是我分別針對飲食、運動、睡眠給妳的一套清楚、簡單的方法，希望妳能用享受的心情，一起踏上這段「**吃好、睡好、運動好**」的備孕之旅。

Part 2　養卵的魔法，好孕從現在開始！

飲食

① 每週至少 5 天以上，在 8 點前享受一頓豐盛美味的早餐；

② 早餐包含豐富的營養搭配，有主食、蛋白質、水果等；

③ 午餐吃到足夠的主食**(至少一碗米飯)**；

④ 晚餐有青菜和蛋白質**(肉類或海鮮)**，並且在 8 點前吃完。

⑤ 不吃宵夜、不吃油炸食品。

運動

① 每週保持兩次有氧運動。

② 每次運動時間控制在一小時左右**(包含熱身、伸展等)**。

③ 有氧運動時，平均心率達到或超過 130-140 下**(每分鐘)**。

④ 運動結束後心率恢復較快為佳。

⑤ 每週保持一次無氧運動**(如重訓)**，增加妳的肌肉量。

> 備孕的準媽媽們時常忽略自身肌肉量，甚至為了懷孕盲目減肥，其實這是錯誤的！要知道，肌肉含量較高的女性，她的卵子品質通常比較好喔！而且身材看上去反而比較顯瘦。

睡眠

① 每週至少 5 天以上，在 11 點前入睡。

② 入睡後，盡量保持最多一次醒來的情況。

③ 注意睡眠品質。

④ 睡滿 8 小時，且睡醒後精神飽滿。

⑤ 不熬夜。

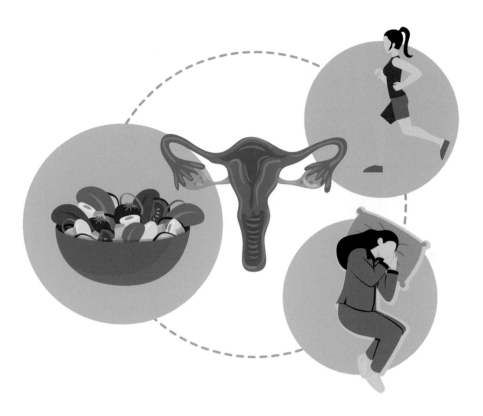

心理

① **學會放鬆：**腹式呼吸、放鬆訓練、冥想或瑜珈都是好的放鬆方法。

② **照顧負面情緒：**有心事時避免過度壓抑，適度傾訴、發洩。

③ **對自己好一點：**寬容且公平地看待自己，允許自己不完美。

④ **管理壓力：**接受自己能力有限，在可承受的壓力範圍中尋求進步。

⑤ **維持生活品質：**擁有親密良好的伴侶或人際關係，營造暖心的情感交流、維持幸福感。

「養卵」是一個神奇的魔法，它能在潛移默化中讓妳成為一個健康媽媽，孕育出健康的寶寶！

 # 養卵需補充的營養素

葉酸

葉酸屬於 B 群是 B9 類，它是水溶性的，很容易從尿液中排出，服用葉酸的人，尿液容易呈現較深的黃色。為什麼醫生都會建議備孕的準媽媽們補充葉酸呢？其實在準備懷孕的時候，我們的身體會需要更多養分來製造優質的卵子，培養胚胎，繼而孕育寶寶。其中葉酸就是非常重要的一種養分，它對寶寶的生長發育有很大的影響。因為葉酸對身體蛋白質的製造和利用非常重要，對細胞的生長和 DNA 合成以及紅血球製造也非常關鍵。

在懷孕初期葉酸會影響胎兒神經管的生長及癒合，所以對胎兒的腦部和脊髓的發育及心臟血管系統發育都很重要，因此缺乏葉酸很容易造成胎兒生長發育的異常。

在懷孕初期，最重要的就是心臟和腦部等器官的發育，所以在備孕期到懷孕 12 週左右，都要補充足夠的葉酸。

葉酸的好處

在許多的研究中發現，葉酸可以很大程度地避免：

❶ 流產或早產；

❷ 胎兒神經管的缺陷包括無腦、脊柱裂；

❸ 胎兒先天性心臟病；

❹ 妊娠糖尿病；

❺ 生下自閉症、過動症寶寶。

輔酶 Q10

如 31 頁所述，輔酶 Q10 能讓細胞充滿能量。但隨著年齡的增長，身體裡的輔酶 Q10 會逐漸下降，相對應的心肺功能也會逐漸下降，這就是為什麼女人年齡越大，越容易宮寒的原因之一。所以補充 Q10 非常重要，不但可以增強心肺功能與代謝，還可增加末梢血液循環，對各個器官都有幫助，尤其是常常被身體優先剝奪養分的生殖器官 —— 子宮、卵巢。除此之外，Q10 也常常被用在抗老化。在選擇時請記得挑選天然活性、從煙草葉經過酵母發酵提煉的，吸收會比較好。

魚油

Omega3 有長鏈和短鏈的，例如魚油的 EPA 和 DHA 就是屬於長鏈的；在植物裡面例如亞麻子油含有短鏈的 ALA，而長鏈的效力 (potency) 比短鏈較高。

魚油能夠抗發炎，所以對腫瘤癌症、自體免疫、心血管疾病都有幫助。它的成分也是細胞膜的組成之一，如荷爾蒙中的胰島素。而胰島素受器也存在於細胞膜上，所以魚油也有助於荷爾蒙的訊息傳導，也就是能夠改善胰島素抵抗，對神經細胞的訊息傳導也有助益。其中 DHA 是腦部細胞的重要組成成分，對胎兒腦部發育也有很大的幫助。因此，備孕及孕期的婦女都建議補充魚油。

現代人運動量相對較少、工作壓力大、生活作息不規律、經常熬夜，飲食也不健康，所以建議在備孕時先作葡萄糖耐受測試，包括血糖及胰島素的檢查。因為當胰島素阻抗的時候，會造成發炎反應，所以備孕的婦女除了吃好、睡好、運動好之外，還可以補充一些魚油抗發炎、減少胰島素阻抗，這樣懷孕之後對胎兒的腦部發育也有很大的幫助喔！

維生素 D

維生素 D 的缺乏已是一個世界性的健康問題，主要是因為現代人生活習慣改變、防曬做得太好！要知道，曬太陽補鈣不是沒有科學依據的。缺乏維生素 D 不僅影響骨骼肌肉的健康，也與一些急、慢性疾病的發生有關，例如癌症、自體免疫、感染性疾病、二型糖尿病和神經健康等。

其實，維生素 D 的作用是非常廣泛的，它對胎兒基因發展的控制及表現影響甚大。例如維生素 D3 會控制一些關於著床的基因（Homeobox A10），進而影響著床，所以我們在預防胎停的治療當中，除了吃阿司匹林、打肝素之外，補充充足的維生素 D3 也有很大的幫助喔！

維生素 D 的補充，對於備孕、懷孕婦女及哺乳期的媽媽來說尤為重要，在懷孕過程中，胎兒很大一部分發育其實跟母體的維生素 D

是否充足息息相關。一些流行公衛學的研究發現,胎兒在母體當中的狀態將導致未來孩子成長過程中的疾病(fetal programming)。準媽媽們母體的維生素 D 含量充足的話,胎兒發育得相對較健康、慢性疾病的機率較少,甚至懷孕過程中妊娠高血糖和妊娠高血壓發生的機率也相對較低(健康媽媽,健康寶寶)。

相反的,如果缺乏維生素 D3 的準媽媽們,生下自閉症小孩的比率也較高,而且出生後,孩子也較容易有焦慮的情緒,這些都是因為維生素 D3 在神經發育過程中有著舉足輕重的作用。因此準媽媽們一定要做好維生素 D 的補充。研究發現,孕婦每週補充 2000 至 4000 單位的維生素 D,可降低早產還有懷孕過程的感染;哺乳期的媽媽們每日應補充 4000 到 6000 單位左右的維生素 D。瞭解了維生素 D 的重要性之後,我再來為大家補充一些相關知識:

1 如何判斷維生素 D 是否缺乏?

維生素 D 缺乏是指 25(OH) D 小於 30ng/ml,右頁這張圖告訴你維生素 D 在血中濃度中應達到多少才算是正常。50 至 70ng/ml 屬於較良好的狀態;治療癌症以及心臟疾病應維持在 70 到 100ng/ml。但是注意,不要超過 100 喔!

2 如何補充維生素 D?

研究發現,只有很少的食物含有維生素 D,例如野生鮭魚、有日照的蘑菇、牛奶、一些燕麥穀類,香菇也是不錯的選擇。因此我們應該每日補充 600 到 800 單位的維生素 D,來保護我們的骨骼健康。

維生素 D 於血液中的濃度標準
Vitamin D Levels（25–hydroxyvitamin D）

‹30 ng/ml ‹75 nmol/L	缺乏
30–50ng/ml 75–125 nmol/L	不足
50–70 ng/ml 125–175 nmol/L	良好
70–100 ng/ml 175–250 nmol/L	治療癌症及心臟病之濃度
›100 ng/ml ›250 nmol/L	過量

血中濃度若要達到 30 以上維生素 D，需攝取將近 2000 單位的維生素 D。所以對成年人來說，可以每兩週補充 50,000 單位的維生素 D，這樣可以讓血中濃度達到 40 至 60，有非常好的效果。

其實維生素的補充對於不同人有不同的補充方式，可以每天或每星期補充，也可以每月甚至每四個月補充一次。對於非常缺乏維生素 D 的人，專家建議服用方式可一次服用 300,000 單位(bonus)、每 6 到 12 個月服用一次。

3 維生素 D 對其它健康的好處

有研究表明容易憂愁焦慮的人，血中維生素 D3 濃度較低;而維持身體足夠的維生素 D 可提升免疫力喔!

維生素 K

維生素 K 又叫凝血維生素,它最重要的作用是幫助血液凝固,所以也有助於月經過量等症狀。維生素 K 包含 K1、K2、K3、K4,其中 K1、K2 最為重要,因為它是天然存在的,屬於脂溶性維生素,富含於綠葉蔬菜、奶蛋肉類、水果及穀類中,像是蚵仔、起司、蛋類等食物都是不錯的選擇。

相較而言,新生兒比成年人更容易缺乏維生素 K。成年人常見的缺乏維生素 K 引發病症例如經常流鼻血、慢性腸炎造成的經常性腹瀉等,好發於飲酒過多或嚴重營養不良的人身上。因為人類維生素 K 的來源有兩方面:❶從腸道菌群合成❷從食物中攝取。所以只要你適當攝入均衡膳食營養,就能很大程度地避免維生素 K 缺乏。此外許多研究發現,維生素 D 加 K 一起補充,對骨骼、肌肉還有心臟功能的健康有增益效果。

需要特別一提的是,雖然維生素 K 是脂溶性維生素,不過你也不用擔心過度補充維生素 K 會造成副作用,這是很少發生的。

維生素 C

巨噬細胞包括白血球,含有較高的維生素 C,因此維生素 C 有助這些細胞的作用增強,也就是增強免疫力。維生素 C 是人體的基本營養素,具有基因調控酵素的作用,它對免疫系統的作用主要在於增強表皮細胞對抗病菌及抗氧化的能力。

維生素 C 其他優勢

❶ 有助於膠原蛋白的形成。

❷ 促進代謝能量的產生（與卡尼丁生成有關）。

❸ 和一般內分泌荷爾蒙的生成有關，例如腎上腺素血管收縮素等，和感染後的心肺循環反應相關。

❹ 和基因轉錄（transcription）、表觀遺傳（epigene）都有相關性。

所以缺乏維生素 C，會造成免疫力下降、增加感染機率。這就是維持血液濃度中高劑量維生素 C 可避免感染**（例如感冒）**的原因。諾貝爾獎得主 Dr. Linus Pauling 就很支持利用大劑量維生素 C 來預防感冒，在感冒時加大維生素 C 的攝取，可以加快痊癒喔！不過人體無法自行製造維生素 C，必須從食物攝取。每日攝取 100 至 200 毫克的維生素 C 還可減少慢性疾病的發生。但現在的人飲食習慣普遍不夠健康，蔬果的攝取量減少，所以維生素 C 攝取容易不足，對於一些愛抽菸的人，或較多暴露在污染環境中的人來說，需要攝入更多維生素 C，以幫助他們抗氧化和排毒。

雖然維生素 C 的高劑量沖刷應用 (vitamins C flush) 目前並沒有很多研究論文支持，但在自然醫學上，利用高劑量維生素 C 來達到排毒和增加免疫力治療感冒的方式是常見的。需要特別留意的是，雖然一般認為維生素 C 不容易留在體內、容易被排出，但是腸道敏感、缺鐵、腎結石患者都不適合這類治療方式喔！

荷爾蒙之母——DHEA

脫氫表雄酮(Dehydroepiandrosterone，DHEA) 是一種固醇類荷爾蒙，又有荷爾蒙之母之稱，主要在卵巢濾泡鞘細胞及腎上腺製造產生，是睪酮以及雌激素重要的前驅物質。它會增加濾泡中的類胰島生長素 (IGF-1) 生成。在動物實驗中，還有一些臨床報告指出，DHEA 的補充有助於寶卵泡數的增加。而 DHEA 的生成會依年齡增長而逐漸減少，但運動減少壓力卻能增加分泌。若是卵巢功能下降的人，血中濃度也會下降。建議 DHEA 的補充錠劑可以 25mg 一日兩回，也可以用舌下噴劑，多在飯後血液循環好的時候使用，可以達到更好的吸收。也有人用於治療男性及女性更年期，有報告證明，DHEA 對心血管疾病、中樞神經以及骨質密度都有一定的幫助。但肝臟功能不好，或者有卵巢腫瘤或乳癌的病人是不可以服用的。另外，DHEA 除了增加男性女性荷爾蒙之外也可以強化肌肉，所以運動選手在比賽中多是禁用的！

維生素 B 群

維生素 B 群含有 8 種營養素：B1(硫銨)、B2(核黃素)、B3(煙酸)、B5(泛酸)、B6(吡哆醇)、B7(生物素)、B9(葉酸)、B12(鈷胺素)。每一種營養素都有特殊功用，主要和細胞能量代謝，以及神經系統的健康相關。在均衡的飲食下，維生素 B 群的攝取量基本上是足夠的，但對於年紀較大、代謝不佳、酗酒、有腸胃疾病等人，就需要額外補充。

另外，由於備孕、懷孕、哺乳期間，對於代謝、熱量和能量的需求更高，所以備孕者和懷孕的準媽媽還有哺乳期的媽媽們也是容易缺乏維生素 B 群者。

維生素 B1、B2

維生素 B1、B2 的缺乏並不常見，因為很多食物例如牛奶、全穀類等都能補充。但是長期酗酒的人可能會缺乏維生素 B1、B2 的，表現為嘴角潰裂等症狀。

富含維生素 B1、B2 的食物有全穀物類、肉類、奶類、豆類、綠色蔬菜等。

維生素 B3

維生素 B3 的作用是將食物轉化為能量，對神經系統、消化系統還有皮膚的健康非常重要。維生素 B3 在飲食不均衡的情況下比較容易缺乏，造成消化系統問題，例如噁心、腹絞痛等。若是很嚴重的缺乏則會造成神志上的混亂，最有名的就是糙皮症(pellagra)，皮膚在太陽下會顯得粗糙泛紅，舌頭呈現亮紅色，還會嘔吐拉肚子或便秘而且顯得疲勞；精神狀態則會產生幻覺而且偏執，甚至有自殺傾向。

> 富含維生素 B3 的食物包括肉類，魚類，堅果類還有全穀物、豆類等。

維生素 B5

又叫泛酸，與人體的能量和代謝有關。很多食物中都含有維生素 B5，所以只要維持均衡飲食，就不太容易缺乏維生素 B5。

維生素 B6

B6 是人體內某些輔酶的組成成分，參與多種代謝反應，它能將食物轉換成能量，還能幫助身體對抗感染，維持我們的免疫系統。維生素 B6 的缺乏會造成貧血、口腔潰裂、情緒低下、免疫系統下降還有皮膚炎等。另外，維生素 B6 對寶寶的大腦發育也非常重要，因此建議懷孕婦女及哺乳期媽媽要補充維生素 B6！

富含維生素 B6 的食物包括肝臟、穀粒、肉、魚、蛋、豆類、花生、馬鈴薯等根莖類蔬菜，以及除了柑橘類以外的水果。

維生素 B7

維生素 B7 和身體脂肪酸的代謝相關，可由腸道好的菌群製造，在食物中的含量較少。

維生素 B9

B9 其實就是葉酸，在很多天然的食物裡都有。缺乏葉酸除了會產生巨細胞貧血(megaloblastic anemia)，以及體弱、疲倦，注意力也常常無法集中，比較容易躁動，甚至發生頭痛、心律加快、呼吸困難等症狀。葉酸缺乏還會造成胎兒腦神經管發育缺損，因此我們建議備孕及懷孕的婦女要及時補充葉酸。(詳見 68 頁)

維生素 B12

維生素 B12 的缺乏會造成神經系統及循環系統的障礙，也會造成巨細胞貧血，還有失智、焦慮、憂慮等神經障礙，缺乏的人容易發生疲倦、胃口不良、體重下降、記憶力下降等症狀。

含維生素 B12 的食物包括肉類、奶類、蛋類、貝類。所以吃素的人可能需要多從牛奶和雞蛋中攝取維生素 B12。

益生菌

老祖宗說病從口入，腸道除了幫身體吸收營養之外，也阻擋不健康食物的進入，所以維持好的腸道菌群可以降低很多疾病的發生。好的菌群能夠保護腸道黏膜屏障、避免腸漏症的發生，也就避免了不健康的物質或毒素進入人體血液循環。若是腸道發生發炎反應造成腸漏症，那麼身體的屏障就出現了缺口，不健康的物質就會進入我們的身體影響我們細胞的健康，甚至給我們的免疫系統造成問題，導致自體免疫疾病的發生。事實上，腸道的健康也可以避免胰島素阻抗，也就是減少糖尿病的發生，很大程度地避免糖尿病導致的全身性發炎問題。多吃蔬菜水果和五穀雜糧能提供我們腸道好菌所需的營養物質及它的棲息之所，讓我們的腸道菌群維持較好、較久的生命力喔！

我常常建議備孕或懷孕的病人補充益生菌、晚餐多吃青菜，因為這樣除了可以增加腸道的好菌，還能為它們提供良好的生存環境。因為腸道中的壞菌容易造成婦女尿道及陰道發炎，所以補充益生菌也可避免婦女尿道發炎，以及懷孕時陰道發炎所造成的胎膜早破，甚至引發早產。除此之外，還能降低脂肪堆積，達到塑身的效果喔！

# 血糖與不孕的關係

血糖高不利於懷孕的課題漸漸被關注，若孕前血糖控制不理想，懷孕後也容易導致胎兒發育異常，增加胎停和流產的風險。因此越來越多備孕女性開始重視自己的血糖問題，我也一直建議病人在懷孕前將血糖控制好，這樣更有利於受孕、寶寶也更健康。

看到這裡很多人會疑惑：「為什麼血糖高對懷孕的影響這麼大呢？」這時我們要邀請一位重要角色出場，它就是「胰島素」。只要談到血糖，必定會提到它。胰島素的受器能用來控制血糖，也能用來製造雄性素，通常胰島素效能好時，會與調控血糖的受器結合，我們的血糖就能被合理調控；但是當胰島素效能不好、發生阻抗時，它和產生雄性素的受器結合的機率就增大了，讓我們的身體產生較多雄性激素，而雄性激素過高會怎麼樣呢？它會讓妳卵子的品質變差，導致卵巢延遲選出優勢卵泡，或甚至無法選出優勢卵泡。當每次的選美大賽都無疾而終，卵巢中也就積貯了許多小卵泡，進而引發多囊卵巢的問題。

胰島素效能不好，就像是身體的秘書工作出了狀況，原本它能將我們身體的血糖控制在一個穩定範圍裡，不太高也不過低。當這位秘書年輕時，它聰明又能幹，輕輕鬆鬆就能把工作處理好。可是隨著年歲漸長，這位能幹的秘書慢慢變成老油條，工作上開始打混，還翹著二郎腿使勁提需求：「老闆啊，這麼多工作我一個人做不完，我需要多一點幫手！」於是，妳只好多給它請幫手，讓胰臟分泌足夠的胰島素來幫它，但有一天當胰臟功能下降到無法分泌過多胰島素來控制血糖時，就變成糖尿病了，因為請不起人來幹活，公司自然就倒閉囉！而且幫手多了，妳要付的薪水也多了，身體一邊囤積體脂肪和內臟脂肪當作薪水，使得妳越來越胖，這也是為何許多不

魏醫師碎碎唸

17年前我的母親得了糖尿病，我從那個時候開始關注病人的血糖問題。我嚴格執行母親的飲食，直到有一天她在超市偷偷買了一個肉鬆麵包，躲在角落裡吃被我發現。我當時很生氣，把肉鬆麵包丟到垃圾桶裡，但我母親卻流下了委屈的淚水。她說：「年輕的時候我省吃儉用把錢都留給你們念書，但老了有錢了卻什麼東西都不可以吃！」看到母親這樣痛苦，我心裡非常難過，才明白原來高血糖病患的痛苦很大程度源自三個字——「不能吃」。從那時開始，我就學習燉老母雞湯來燉燕窩、煮青菜，用健康高檔的食材來代替那些她不能吃的食物。一段時間之後，我問母親：「你還想吃肉鬆麵包嗎？」她搖搖頭說她已經愛上健康天然的飲食了！

孕症患者尤其是多囊卵巢症候群病人，都有肥胖困擾，有的甚至需要做腸胃繞道手術來減肥！在國內，多囊卵巢症候群的病人分為兩種，胖多囊和瘦多囊。胖多囊的病人在懷孕前則被建議要先減肥。

所以歸根究底，妳必須訓練妳的胰島素秘書、提高它的效能，讓它聰明又有活力，其中最好的方法，就是鍛練肌肉！因為肌肉裡含有許多胰島素，每次運動時便會同時鍛鍊胰島素、提高它的效能。此外還應透過健康飲食控制血糖。我曾經在 2008 年美國不孕症醫學期刊發表過一篇文章，華人婦女在備孕和懷孕時血糖管控應該比一般人更加嚴格，若餐前血糖大於 98.5、餐後血糖大於 101.5 時，較容易發生胎停或早產喔！所以，正在備孕或已經懷孕的準媽媽們，為了生出健康的寶寶，快點「吃好、睡好、運動好」成為健康媽媽吧！

# 關於健康減肥，
妳必須知道的！

很多人在減肥時，首先選擇減少食量，用餓肚子的方式來進行。但是請注意，這並不是一個好方法喔！許多人認為肥胖跟吃多吃少有關係，其實並非如此。肥胖其實和身體代謝有關，如果妳的身體代謝降低，就會增加脂肪堆積，而「胰島素阻抗」正是降低代謝的頭號殺手。那麼，該怎麼做呢？

1 不熬夜

說起胰島素阻抗，就不得不提到一位重要人物──生長激素。現在很多人喜歡熬夜，認為自己就算凌晨 2 點睡覺，一覺睡到早晨 10 點，睡滿 8 小時就可以。殊不知，這樣會讓妳錯過生長激素分泌的高峰。熬夜會讓妳的生長激素分泌下降，使胰島素效能降低，自然增加脂肪堆積。這也是為何我們常看到值夜班的護士或 24 小時保全人員比較容易發胖的原因之一。

生長激素分泌的高峰出現在晚上 11 點至 12 點的深度睡眠狀態下。
錯過了這個高峰的睡眠是補不回來的,所以熬夜後,即使睡足 8 小
時甚至更多,醒來也依舊覺得疲乏,沒有充飽電的感覺。

現在很多女性朋友追求身材，會嘗試類似阿特金斯飲食（Atkins diet），也就是一種低碳水化合物高蛋白質的飲食方式。其實，這種飲食方式對於年輕人尤其是備孕女性是非常不好的。若把備孕女性比作汽車，那麼碳水化合物就是汽油，車子不加油，能跑得動嗎？這樣的飲食方式會讓身體代謝下降，是不利於健康備孕的。每當我兒子帶他的女性朋友到家中吃飯時，我都會嘮叨一些健康飲食概念，久而久之我兒子也會對她們說：「早、中餐要多吃一點，尤其是米飯，這樣以後才可以健康好孕喔！」

那麼生長激素和代謝又有什麼關係呢？生長激素在孩童時期主要幫助我們生長發育，但在任何年齡層，我們都需要生長激素來幫助細胞完成修復。簡言之，生長激素可以增進新陳代謝，若身體代謝不足，便會增加脂肪堆積，造成肥胖喔！

❷ 運動

我們知道大部分胰島素儲存在肌肉中，且肌肉是人體最大的代謝器官，所以增加肌肉量可以降低胰島素阻抗、增進代謝。透過適當的有氧運動和無氧運動結合，便能達到這個目標！很多人一聽到有氧運動首先想到跑步，跑步確實是一項不錯的有氧運動，但它並不適合肥胖者。我更建議選擇騎飛輪這項有氧運動，它不傷膝蓋，還能增加妳的血液循環和心肺功能。對於備孕者尤其有幫助。

無氧運動則建議一對一教練課程，且建議每次都要做上肢、下肢及核心，運動後即時補充蛋白粉，因為肌肉在鍛鍊後需要乳清蛋白修復，這樣可以加快肌肉增長速度、增加肌肉量。此外如果訓練的強度較高，還可以在訓練過程中補充支鏈胺基酸(BCAA)，讓訓練後的酸痛恢復速度較快。

❸ 健康飲食

很多人一有減肥的念頭，首先想到的就是降低卡路里，這個觀念是有偏差的。其實食物的品質也會影響胰島素的效能，所以在飲食上不是一味減少，而是應該挑選食物，不去選擇高升糖指數(**高GI值**)和影響胰島素受器結合的食物(**例如地溝油、反式脂肪等**)造成胰島素阻抗。

再來一定要有一個觀念：胰島素是日出而作、日落而息的。如同鐘南山院士所說：「早上要吃得像皇帝、中午要吃得像大臣、晚上要吃得像乞丐！」所以早、中餐的主食熱量要足夠，因為這時我們需要更多動能。且一早就把胰島素訓練上來，能讓我們精神百倍；晚上則要盡量減少主食，吃大量青菜及優質蛋白質！晚上吃大量蔬菜除了可增加飽足感，蔬菜纖維還能幫助平衡血糖、降低胰島素阻抗，更可以提供腸道益生菌溫暖的家，幫助妳排出腸道毒素避免腸漏症。

燃脂食物

蔬菜		天然穀物		水果		優質蛋白質	
花椰菜	蕃茄	甘薯	豆類	香蕉	鳳梨	鮪魚	後腿牛排
小黃瓜	菇類	麥片	燕麥	蘋果	柳橙	雞胸肉	蛋
洋蔥	甜椒	全麥義大利麵	馬鈴薯	桃子	草莓	腹脅肉	火雞胸肉
菠菜	蘆筍	全麥麵包		葡萄柚	藍莓	鮭魚	野生牛肉

這一張「燃脂食物」圖便能告訴大家,「吃進去的食物就是熱量,會帶來肥胖」的觀念是有偏差的!吃圖中這些健康食物反而能幫助妳減少脂肪,因為很多健康蔬果類食物含有許多植物固醇、植化素和纖維,可以增加胰島素敏感而減少脂肪堆積。

此外若要挑選主食也有訣竅!粥、冷飯、熱飯以及雜糧飯的水解速度及升糖指數是由高至低,我建議吃雜糧飯不妨加個鴻禧菇,做個熱騰騰的日本菇飯,這樣也可以吃得健康吃得瘦喔!

生酮飲食並不適合備孕的妳喔!

任何一種減肥飲食方式都是為了增強胰島素效能、減少脂肪堆積、增加細胞的營養吸收。前陣子非常流行的生酮飲食減重法,就是通

過減少澱粉主食類的攝入，增加中鏈脂肪酸(MCT)的攝取，從而讓身體細胞大量運用脂肪來燃燒熱量，以達到減重的目的。但是這樣的方式，不一定適用於備孕者，因為備孕需要較高的肌肉量和營養儲存，但在生酮飲食過程中，若稍有不慎極有可能造成身體養分的缺失，不但燃燒了肌肉，更容易造成生殖器官養分不足，使卵子細胞凋亡、代謝下降，最終造成卵巢功能下降。

若妳在備孕時想要減脂，不妨瞭解一下輕斷食療法(intermittent fasting diet)，在三餐營養均衡的基礎上搭配輕斷食療法，會讓妳事半功倍！那麼什麼是輕斷食療法呢？輕斷食療法就是一個飲食計畫，一般是 8 小時的用餐時間加上 16 小時的斷食時間。在 8 小時內儘量讓三餐吃完。但不建議多餐！這樣可以讓胰島素有較長時間處於休息狀態。

不過由於備孕的準媽媽們對養分的需求量更高，所以長時間斷食不利於備孕。我建議準媽媽們可以採用 12 小時的斷食法，也就是晚餐早點吃，而且儘量選擇低升糖指數的食物，例如大量蔬菜以及較容易消化的蛋白質。若晚上沒有太多活動及運動，則可將碳水的量降到更低甚至零，讓細胞在晚上有充足的養分來修復，而且胰島素也能得到更充分的休息。增加了胰島素效能後，也就減少脂肪堆積的機會了。

養卵的心理調適建議

臨床心理師 鍾昀蓁／提供

想要健康好孕，也要做好壓力管理和情緒調適，才能省下力氣，將能量留給身體作為適孕準備。以下提供大家一些減壓建議：

減壓第一步：觀察身體 & 練習放鬆

試著觀察自己忙碌、緊張、擔心或生氣時，身體有什麼樣的感覺？例如：呼吸速度與深淺、心跳的快慢，脖子、肩膀、眉頭或其它身體部位肌肉的緊繃程度等，察覺自己「焦慮」的狀態。

❶ 隨時舒緩緊繃神經

當感覺到自己焦慮時，隨時提醒自己放鬆，可以練習腹式呼吸或緩慢呼吸，並透過簡單的伸展，讓自己緩下來，隨時為自己過度緊張的交感神經「踩剎車」，讓副交感神經活化起來。

❷ 每天 30 分鐘放鬆活動

給自己一段放鬆時間，讓心靜下來休息、活化副交感神經、啟動身心放鬆機制，例如：放鬆訓練、泡個熱水澡、聽輕鬆的音樂、禱告冥想、泡腳按摩、伸展瑜珈等都是好方法。

魏醫師碎碎唸

在治療不孕的過程中，心態真的很重要！我有一位 39 歲的病人，她的餐前血糖 12，餐後血糖＞ 18，AMH0.9。唯一的優勢就是她的胰島素偏高，意味著她的胰臟還在工作。經過「吃好睡好運動好」4 個月後，她的餐後血糖竟然降到了 5.2 ！後來她告訴我，她的心態就是盡力去做就好，不管結果怎樣都樂觀面對。就像年輕時，她有一次去金門玩，到了碼頭發現證件過期了！但想到駐港證件還可以用，不如就改去香港玩吧？永遠樂觀、永遠積極，不帶一絲遺憾，這樣的心態也讓她成功打敗不孕！

減壓第二步：照顧負面情緒

1 自我慈悲

備孕過程中，反覆失敗的挫折會一再打擊我們的自信，許多人甚至出現自責、愧疚的情緒。試著每天做「自我慈悲」的練習，想想如果相同的事情發生在我們家人或好友身上，我們是否會責怪對方？還是會寬待、安慰對方？練習對自己寬容、慈悲，照顧自己受傷脆弱的心，是對身體最好的良藥。

2 減少心理負擔

心理專家建議備孕者每天接收備孕訊息的時間不超過一小時。因為許多不孕患者過度在網路上搜尋相關訊息，甚至因遍尋不著失敗原因而失去控制感、到處看醫生，卻越看越迷惘、越看越心慌。

❸ 不壓抑情緒

正視自己的情緒，用適當方式宣洩、回應負面情緒，才不會讓負面情緒堆積在內心、造成身心負擔。運動、寫日記、與人談心都是很好的方法。妳也可以透過以下自我提問，更深入瞭解自己的情緒：

1	治療不孕的醫療過程（如：打針、手術）令妳感到痛苦、難熬嗎？
2	很擔心不孕的醫療措施會帶來長期不良的影響？
3	妳會因為不孕而感到自己不如他人嗎？覺得自己沒價值、很沒用？
4	妳會因為不孕覺得自責、愧對另一半嗎？
5	是否因為備孕、治療不孕影響睡眠，難以入眠？時常睡睡醒醒？
6	是否因備孕食欲不佳或暴飲暴食？
7	是否因為不孕明顯鬱鬱寡歡？快樂不起來？且持續兩週以上未改善？
8	是否因為不孕煩躁易怒、焦慮緊張，且持續兩週以上未改善？
9	無法專注在工作或其他活動上、靜不下來、無法專心？
10	因不孕而不想參加社交活動、迴避參加親友聚會？
11	對於曾經歷過的胎停、流產、手術等相關事件，會無法控制地經常回想、做夢、感到難以釋懷？
12	不孕已明顯干擾妳的生活，導致兩週以上生活品質不好？

減壓第三步：改變想法

想法是影響情緒的主要原因，過於負面、極端且缺乏彈性的想法，會導致我們處於負面情緒中。練習改變想法能幫助我們改善負面情緒，例如：「我一定要成功」改成「我盡力就好」；「為什麼我要這麼辛苦控制飲食、運動來備孕，別人就這麼容易？」改成「這是一個瞭解身體狀況、學習如何維持健康的好機會」。當想法更有彈性、對自己更公平的時候，就能避免陷入反覆的負面情緒迴圈中。經常觀察自己面對事情時是否過於僵化、執著。嘗試改變想法，情緒也會隨之改變。

減壓第四步：良好的睡眠

良好的睡眠有助於身心休息、補充能量、提高代謝功能，能讓身體得到適當修復，是備孕的重要環節。許多人不容易意識到自己有壓力調適的困難，卻在睡眠上出現一些徵兆，像是入睡困難、淺眠易醒、早醒、經常作噩夢等，在在顯示可能有心理方面的困擾。若已有上述問題，且持續兩週以上無法改善，建議尋求專業心理協助。

減壓第五步：營造生活的溫暖與感動

人與人之間的情感互動、暖心的經驗，會讓我們放鬆、心安。但許多不孕患者為了備孕而犧牲生活品質，也影響到與伴侶的親密關係或性生活，使得夫妻關係變得緊繃，更不利於備孕。養卵備孕過程更要重視生活品質，適度表達愛、創造感動的記憶都是養心、養卵的好方法。

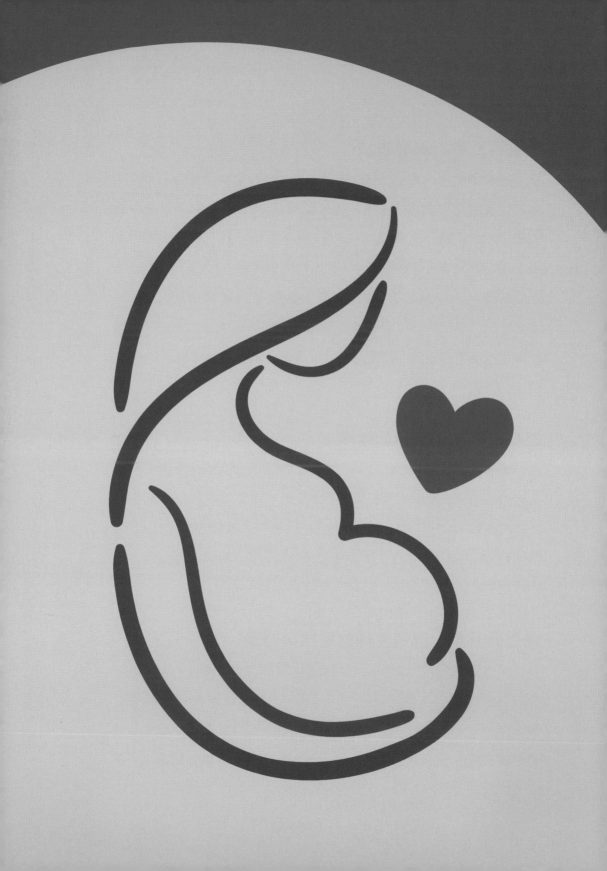

Part 3

養卵案例分享

飲食篇

運動篇

睡眠篇

心理篇

NEWSTART新起點特別專欄

飲食篇

妳有多久沒有好好吃飯了？

生活和工作的忙碌，讓再普通不過的「好好吃飯」成為一件奢侈的事。外食和不健康食品俘虜了妳的胃，也成為備孕路上看不見的敵人！現在，好好吃個飯吧！因為好好吃飯，就是正確的備孕習慣。

1 6 年的不孕讓家庭關係出現危機，
堅持健康飲食半年迎來一對雙胞胎寶寶！

逢年過節，是每對不孕夫婦最難熬的時刻，因為最怕聽見親朋好友的關心問候。在此之前，我和老公已經度過了 5 年這樣的時光，但很慶幸的是，今年我們總算迎來一對雙胞胎寶寶。

說起這段艱辛的備孕史，還要回到 6 年前。那時剛結婚的我們認為自己的身體很好，從沒想過在生育這件事上會遇到障礙。但隨著每個月的希望落空，我也漸漸有些壓力，開始懷疑是不是因為自己的肥胖造成不孕，因為我有 90 公斤！於是我去看中醫調理並一邊減肥，一看就是兩年時間，雖然體重有減輕一些，但總覺得容易疲倦乏力、體能也很差。

此時我已經 38 歲，結婚已經 3 年多，同輩中的表弟表妹都相繼結婚生子，公公婆婆給的壓力越來越大。我和老公商量之後，毅然決然放棄中醫，轉到西醫看不孕症，緊接著進行一大堆檢查。結果把我和老公嚇了一跳，原來不只我有一堆毛病，老公竟然也被檢出精子活躍度不好！醫生說我們自然懷孕的難度比較大，建議我們去做試管。一開始我們不甘心，還是先嘗試了人工授精，但是老公的精蟲活躍度實在太低因而導致失敗，那時受到很大的打擊，只好摸摸鼻子去做試管了。

當時本來想到臺灣做試管，後來聽說臺安醫院的魏醫師竟然在廈門安寶醫院當院長，趕緊和老公去掛了她的門診。魏醫師說現代人普遍缺乏運動，飲食和作息也不規律，導致卵子和精子的品質下降，讓我們先不要急著做試管，先努力把代謝提升起來。然後我們還上了一節健康課程，瞭解健康飲食和規律運動的重要性。

其實對我們來說，健康飲食不成問題，因為我們平時就自己做飯，只要再注意營養搭配就行。但運動就真的是一個大挑戰，因為我和老公平時就沒有運動的習慣，也不喜歡運動，所以剛開始的時候，每週兩次飛輪課和一次重訓課簡直要了我們的命。但是堅持了一段時間之後，我發現我的精神狀態變好了、體能也變好了，上班時也不會動不動就疲倦了。透過一次又一次的檢查報告顯示，我們的各項數值都有了穩定的提升，這樣的改變讓我和老公對懷孕這件事開始有了信心。

就這樣堅持了 3 個月,感覺這是人生中過得最健康的一段日子了,我終於在母親節這天植入兩顆胚胎,幸運的是,都著床成功了,迎來了我們的雙胞胎兒子。感謝這對寶寶的出生,緩解了家庭的壓力,也給我們帶來初為人父母的幸福和喜悅。我們也因此學到健康飲食和運動的重要性,我相信這樣的觀念可以終生受用!

❷ 胎停再戰多年無果,一招讓我自然懷孕!秘訣就是……

備孕的時候我是大齡孕媽,說起這條辛酸之路,滿滿都是淚。其實剛結婚時我就懷過一次,壓根沒想過自己會那麼倒楣遇上胎停這種事。結果 9 週多的時候醫生說我胎停了,只好做流產,當時我整個人都傻了,真的不想再回憶。從那時開始就一直懷不上了,經期也變得很不規律。中醫說我流產傷身導致腎氣不足,吃中藥調理一陣子後也沒看見效果,看西醫又要我減肥(因為本人有一點小胖),接著配合荷爾蒙調理月經,再做超音波測排卵同房,這麼折騰了好幾年,還是懷不上,而且吃荷爾蒙的時候月經雖然正常了,但一停藥又亂了。

折騰來折騰去,最後跟老公商量去做試管。當時的醫生一聽說我胎停過,直接就開了很多單子讓我去查染色體什麼的,結果都沒有問題,接著就讓我做試管看看。那時我和老公心放比較寬,覺得都做試管了一定成的。結果那時取出來的卵子數量不少,可用的卻不多,配成的胚胎品質也不太好,反正最後試管仍是失敗了。說沒有

難過灰心肯定是騙人的，自己不知道在半夜偷偷哭過多少次，老公怕給我壓力從來不當著我的面表現什麼，但我知道他心裡也難過，畢竟我們都不年輕了。

後來經人推薦來找魏醫師，她聽我說完後就叫我先不要急著做試管，先調理一下身體。她說我現在身體不好、卵子沒營養，取出來也沒用，試管成功率不高。我問怎麼調理身體？要吃什麼藥？醫生就說不用吃藥，要我在家好好吃飯。我聽了有點疑惑，第一次聽說不用吃藥只要好好吃飯就能把身體養好的！

接著醫師教我怎麼吃，於是我回家就買了一只燉鍋，還買了一袋糙米，天天吃肉吃菜搭配糙米飯，雞鴨魚換著燉。以前西醫要我減肥的時候，我主食幾乎都不碰了，但魏醫師說這樣是不行的，不吃主食等於汽車沒有加油，怎麼跑得快呢？我覺得她說的挺有道理的。除了飲食之外她還要我堅持運動，且不能每天都跑步，有氧運動一週只能做兩次，做多了就把卵子的養分給消耗掉了，還要我練肌肉，把肌肉練起來才有養分。此外還有早睡早起，這個就不多說了，我本身也沒有熬夜的壞習慣。

就這樣堅持了 3 個月，結果竟自然懷孕了，連試管都不用做，省錢不說還不用受罪，真的太開心了！不過高興沒多久又開始擔心會不會又胎停什麼的，這可不是我想太多啊，經歷過胎停的人都會留下

陰影。這時醫師又建議我繼續保持緩和運動，不要停下來。說真的，老人家的經驗都是懷孕了為保胎，千萬不要動，但是我很相信魏醫師的話，於是繼續運動下去，接著便一路過關斬將到今天，寶寶非常健康，各項檢查都順利通過！

3 被免疫系統疾病折磨 10 年的我，自然好孕了！

掐指一算，備孕這條路我走了整整 10 年！比起其他人，我的狀況算是比較特殊的。還記得 2008 年婚後不久我懷孕了，但因為工作壓力太大導致流產，小月子也沒做好，傷了身體不說，還不幸患上一種免疫系統疾病 —— 結節性紅斑。

為了治病，我幾乎跑遍在地所有知名的醫院，無論中醫西醫都被我看過無數遍。也因為一直惦記著要生孩子這件事，所以每次都跟醫生要求不要使用一些荷爾蒙類的藥物來治療結節性紅斑，因此效果一直不怎麼明顯，反反覆覆不見好，使得我心情很煩躁，可以說很長一段時間都處在焦慮中。

儘管這病不見好，我心裡仍一直想著要懷孕。經過一番糾結，我去了生殖醫院看不孕科。那時的我與其說是要去看不孕科，不如說是想得到醫生的一句安慰，我希望從醫生口中聽見我是能生育的。可是沒有想到那位醫生聽我講完病情，又翻了翻我免疫系統方面的病歷後竟然對我說：「妳這樣也想懷孕？！」這次看病經歷給了我一個沉重的打擊，從那以後，懷孕這件事就變成一個可望不可及的

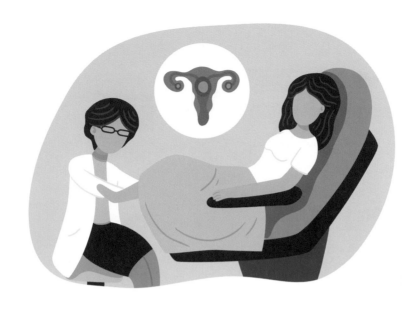

夢,以至於我很長一段時間幾乎被心裡的負能量壓得喘不過氣。我真的不明白為什麼命運對我如此無情?我試圖勸自己:「算了吧……實在沒有就放棄吧……真的太痛苦了。」只是,放棄對我來說,比上述一切加在一起更令我難受。因為我是一個傳統家庭長大的孩子,傳宗接代的概念在我心中根深蒂固,我一直認為一定要有一個屬於自己的孩子,無論用什麼方式,必須得有!

出現轉機是在幾年後,老公的一個朋友聊起魏醫師。但有了上次看病的不愉快經歷,我有些抗拒,害怕醫生又對我宣判死刑。後來聽說臺灣來的醫生,看病的過程比較舒適、態度也比較好才決定去的。當時掛的是魏醫師的診,第一次看診就讓我耳目一新,我第一次發現看病其實不是看病,變成了聊天。魏醫師很健談,整個人超有活力,感覺全身都是正能量,她反反覆覆對我說一定能生!沒問題的!還順便把我的免疫疾病也看了。

當時她要我停掉其他的藥,去吃一種叫做輔酶 Q10 的營養補充食品。我當天就購買了開始吃。說實話,這個病看了這麼多年,中藥西藥吃了無數,忽然之間不用再吃藥而是只要吃保健品,讓我心理負擔減輕了不少。我也聽醫師的話,開始注意飲食也開始運動,我發覺運動完後每每覺得心情無比輕鬆,久而久之竟然愛上了運動,體質變好了許多。我也喜歡上每次複診時和魏醫師聊天的感覺,這種改變讓我的心態漸漸變得樂觀。

現在回想起來,我覺得內因影響了我的外因,當我的心態開始變好,加上吃輔酶 Q10,我那久久不見好轉的免疫疾病竟然在一年之後好了八、九成,起碼皮膚表面的東西都消退下去了,當時真的好開心啊!也更堅定了心中的想法,一定要繼續好好努力。沒想過驚喜很快就到來,我自然懷孕了!回首過去這條 10 年備孕之路我走得太辛酸了,慶幸最後還是有了一個完美的尾聲。

運動篇

你有多久沒有好好運動了？

若想健康備孕，懶得動可不行喔！因為運動這件事真的很重要。它能提升妳的新陳代謝、增加血液循環、照顧好血糖和胰島素，給胚胎寶寶提供養分。所以好好運動，就是健康的備孕狀態。

1 慶幸我做了正確的選擇，一次就成功迎來了我的寶寶！

我是 2014 年 1 月開始備孕的，一直不太順利，到了 2016 年基本上已經把廈門各大醫院都走遍了，從激素 6 項檢查到卵泡監測，再到輸卵管檢查，都沒問題，但就是懷不上。一直到了 2016 年 4 月，才終於下定決心到生殖醫院去做人工生殖。當時選了一家在我們這裡很有名氣的醫院，做了兩次人工授精都沒有成功。

直到同事介紹我來看魏醫師的診，她摸了一下我的手後對我說：「妳的手心這麼溫熱，肯定是能生的啊！不要擔心啦！」說實話，我當時非常感動，因為一路備孕走來，面臨各種否定與自我質疑，真的快絕望了。但魏醫師的話卻給了我莫大的鼓勵。

她本來建議我回去自己備孕半年，或者再做一次人工授精試試。但當時我的心理壓力已經很大了，感覺難以再承受這種煎熬，於是堅持表示我想做試管，溝通後魏醫師同意了，但她要我積極調理飲食與運動。

在這裡我想告訴大家，運動真的、真的、真的很有用！（**很重要所以說3次**）因為我個人偏瘦、肌肉量不足、血糖也偏高，但運動半年後血糖恢復了、肌肉量也上去了，這才開始進入試管打排卵針的週期，沒想到我的試管一次就成功了，生下了我的女兒！我覺得這很大一部分來自魏醫師的專業，她對病人的身體狀況掌控很到位，在試管前先調理身體，讓妳達到最佳狀態後增加試管成功率，這對病人來說是非常負責任的做法，否則一次次不成功，多花錢不說，還白白受罪。

❷ 無精症的我們健康調養後，做了試管一次就成功！

記得那是 2018 年元旦前一天晚上，老公把檢查報告拿給我看，我看著上面寫著「無精症」真是晴天霹靂，難怪我們自然備孕了一年都沒有懷孕，我哭了一夜，真的從沒想過會遇到這種事情，家人鼓勵我們做試管努力看看。

第一次看魏醫師的診，她給了我很多鼓勵，消除了不少恐懼。其實我的身體沒有什麼大問題，但為了能生出健康的寶寶，我還是非常遵守醫師說的「吃好、睡好、運動好」。在飲食上我開始選擇吃好的

蛋白質、魚、蝦、牛肉、雞肉以及少油少糖;平時不愛運動的我也開始運動,雖然常常一邊踩著單車一邊流眼淚,運動完後累得什麼都吃不下,不過還是堅持著。老公也和我一起調理身體、一起運動。慢慢的我發現運動之後精神狀態變好了,尤其是重訓之後整個人都結實了起來,雖然體重增加不少,但看上去竟然比以前瘦,整個人就是一個非常健康的狀態。奇妙的是之後做試管真的一次成功,非常感謝魏醫師與醫院團隊作我們強大的後盾!

❸ 好心態與堅持運動帶來好運氣,一次取卵 40 顆!

過去因為輸卵管積膿做過手術,醫生當時就跟我說手術後可能會影響生育,但我沒放心上。後來結婚幾年一直沒懷孕,我心想大不了就去做試管嘛!因為我這個人比較大刺刺的,而且在我決定做一件事後,就不會想太多,只要勇往直前就好!也許是因為我的好心態,好運自然就來了,我進入促排週期後,一共取了 40 顆卵,最後移植 2 顆,一次就成功了!

若要分享我的成功經驗,我想說的就是順其自然、好好聽醫生的話、不要想太多,然後堅持運動!我覺得運動特別重要,因為有運動和沒運動體質差很多,我以前體質也屬於不好的,但是堅持運動後體質改善了,特別是孕中後期,我懷著雙胎,還能自己洗澡、獨立做很多事,生的時候也比較順利!這些都得益於堅持運動帶來的好處。

4 兩次取卵大出血讓我身心遭受重創，
**　幸好最終遇見魏醫師，助我闖關成功！**

常聽人形容，生孩子是到鬼門關前走一遭。但對我而言，在還沒生的時候，就已經在鬼門關前走過兩遭了。我從 26 歲結婚就計畫要生孩子，前前後後 4、5 年先是自然懷孕未果，然後跑遍了大小醫院、嘗試過各種民間偏方都不行……最後做子宮內視鏡檢查手術，查出是子宮內膜異位症跟輸卵管沾黏，導致不能自然懷孕，於是才決定去做試管。前前後後，僅僅一個取卵就讓我昏天暗地，忙了半天一切回到原點，等待我的還是那兩條路：要麼再努力一次，要麼就從此放棄。但對我來說，放棄是不可能的，不過要再嘗試一次又談何容易？兩次取卵大出血讓我生理心理都蒙上了嚴重的陰影。

後來聽朋友推薦魏曉瑞醫師，她沒有讓我立刻做試管，而是先從飲食、運動改善起。我覺得飲食和鍛鍊真的非常有幫助，而且在過程中居然讓我愛上運動，尤其騎完單車後全身汗流浹背，身心得到解放，非常療癒！想當初開始重訓時，肢體完全不協調，連基本的平衡都有困難，但是經由每週一次的訓練，慢慢的我也能像舉重選手般舉起啞鈴，我為自己感到自豪，也對自己更有信心，進一步提高我的卵子品質，讓我取卵的時候取出 9 個卵子、養出 6 個囊胚，這對我來說是非常好的成績，而且取卵沒有大出血，衷心感謝醫師「治本」的調養建議！

睡眠篇

你有多久沒有睡個好覺了？

夜深人靜時，全世界都睡著了，只剩妳獨自醒著，翻來覆去難以入眠。失眠時總是格外脆弱，過往的辛酸、未來的彷徨、內心的擔憂、委屈、害怕一波波襲來……又是一個無法安睡的夜晚。其實，妳可以釋放備孕壓力，重新擁有一個好的睡眠。讓我們來認真對待睡覺這件事吧！因為好好睡覺，就是聰明的備孕妙招。

1 經常熬夜，26 歲的我被診斷：當媽機率為零！
然而奇蹟發生了……

我從讀大學開始就經常熬夜，加上飲食隨意、從來不運動，日積月累使身體慢慢透支。直到結婚的第二年，我和老公準備想生寶寶的時候，竟然得到一個晴天霹靂的消息！醫生告訴我，我的卵巢早衰，FSH 值 100 多，相當於絕經女性的數值，我被這個噩耗嚇壞了！

我在很短的時間內去了好幾家醫院，得到的結論都一樣：我不可能生小孩，除非奇蹟發生。還記得那段時間是我人生中最難熬的階段，我陷入了嚴重的失眠和悲傷。直到 2014 年 8 月我找到魏醫師，

她說我的卵巢情況和代謝水準確實不好，但她並沒有就此給我判死刑，而是建議我調整作息、關注飲食和運動，或許身體狀況會有好轉，奇蹟會發生。

於是，遵循醫師的飲食和運動指導，我開始了我的奇蹟之旅。我發現魏醫師非常注重備孕者的飲食和運動，她認為不孕是一種代謝病，這是我在其他醫院從未聽說過的。魏醫師說：「優質的卵子是養出來的，治療不孕症的關鍵是充足運動及攝取足夠營養」。每次複診魏醫師都會拿出一張表格，讓我填寫最近 3 天的運動和飲食情況，逐次給予詳細的分析和指導，這對我來說非常有幫助。

關於睡眠：我認真按照醫師指導，改變了晚睡的習慣，晚上 10 點上床入睡、早晨大約 6 點半起床。調整睡眠後，我明顯感覺白天精力充沛，特別是中午我還會給自己半個小時左右的午睡，感覺臉色慢慢紅潤了起來。

關於飲食：我做的第一件事就是跟外食說再見！早餐自己做五穀雜糧粥＋水煮蛋＋水果，或晚上燉好魚湯和大骨湯，早晨用湯煮蕎麥麵吃，既營養又美味！午餐則在公司的員工餐廳挑選清淡油少的菜。遇到油較多的時候，先在清水裡涮過後再吃。晚餐一週吃 3 次魚蝦、3 次牛肉和一次豬肉。素菜則用 3 至 5 種蔬菜搭配炒成一盤菜，例如用香芹、山藥、百合、彩椒切片炒在一起，既營養也賞心悅目。

關於運動：運動後體質的改變是最明顯的。我每週都會騎飛輪、做重量訓練、核心肌群訓練、瑜伽。

好消息來了！2014 年聖誕節前夕，因為連續一週出現嘔吐反應，我到醫院作抽血驗孕，檢查結果不僅懷孕了，而且寶寶已經 13 週，喜從天降！2015 年我家小公主順利出生，非常健康。我除了感謝醫護人員，還要感謝我的家人，老公一直不離不棄陪伴我、公公婆婆一直理解我，我想這是最終能支持我闖過難關的強大後盾吧！

❷ 誰說年紀越大越難懷孕？養卵讓我 38 歲試管喜得一胎，40 歲自然懷孕二胎！

常聽人說女人年紀越大越難懷孕，過去身為高齡備孕者，我也這樣想過。但如今我 40 出頭，已是兩個寶寶的媽媽了！回顧這段漫長的奮鬥史，我的感觸實在是太多，走的彎路也太多了……

我結婚比較晚，加上工作也比較忙，所以生孩子的事就被耽擱了。直到 2008 年做完子宮肌瘤手術後，我才意識到自己已經 33 歲，懷孕的事不能再拖了，果斷決定辭職備孕。接著中西醫折騰了一陣子，什麼煎中藥、抽血檢查、監測排卵、算日子同房、吃荷爾蒙……反正醫生怎麼吩咐我們就怎麼做，每個月滿懷希望，但開獎時永遠都是失望，我的壓力越來越大，有時晚上愁得都睡不著，精神狀況很差。後來我和老公這才決定走上試管這條路。

醫生說我的卵子品質不太好，我以為可能是年齡大了，卵子品質自然就比較差。在這過程中，淚水不知流了多少，我想不通只不過想要一個孩子、擁有一個完整的家庭，為什麼就這麼難？！直到後來找上魏醫師，她聽完我敘述試管失敗的經歷後，告訴了我失敗的原因應該是卵子品質太差！同時，她也告訴我一個新的理念，叫做養卵。

這時我以為醫師又要讓我買什麼很貴的藥了。但萬萬沒想到的是，醫生提到的養卵壓根兒就跟吃藥沒有半點關係，所謂的養卵是從飲食、運動、作息和心態上去調整，讓卵子獲取養分進而發育良好。

於是我開始按照醫生的指引，在家附近辦了一張健身卡，再找了個私人教練，每週踩兩次飛輪再加兩次重訓。就這麼堅持了兩個月後，我覺得身體有了一些微妙的變化。雖然天天都肉、菜、飯、水果吃得飽飽的，但因為堅持鍛鍊，一點都沒有變胖，而且每天早晨醒來都有一種睡飽了的滿足感覺，不再像過去昏昏沉沉的。最讓我欣喜的是，連慢性支氣管炎都有了一些改善！等我再次回診的時候，醫師看了我的抽血報告誇我大有進步，於是我又繼續努力了一段時間，到了取卵的時候取出的卵子品質都不錯，配成的囊胚也很好，這使我心中充滿安全感，覺得自己的努力沒有白費！非常感謝魏醫師，她真是一位難得的好醫生，醫德高尚，既醫人也醫心！如果沒有她的鼓舞和開導，也許那時就真的放棄了。

故事說到這裡還沒有結束，因為我一直還想生第二胎，還凍了一顆胚胎在醫院。又過了兩年，我開始重新養卵、健身，準備再次移植。但任誰也想不到，奇蹟會在這個時候降臨在我身上，鍛鍊一段時間後，40幾歲的我竟然自然懷孕！如今的我一兒一女湊成一個好字，人生可以說階段性圓滿了！我想告訴許許多多還在懷孕這條路上奮鬥的高齡姐妹們，年齡真的不是問題，只要妳願意相信並且付出努力，下一個好孕的就是妳！

心理篇

你有多久沒有釋放壓力了？

在備孕的重負中掙扎喘息，身體和心靈都在遭受著一次又一次的磨難。妳也許很困擾，孕育生命這個自然的過程，怎麼會成為生命中最大的難題呢？現在讓我們來照顧妳的心，先學會開心起來。妳知道嗎？好的心態，就是珍貴的備孕禮物。

❶一顆卵子、一個囊胚、一次成功！

經歷傳統思想長大的我，一直因為不孕備感壓力，到了 35 歲都還沒懷孕，我真的坐不住了！拉了老公去醫院檢查，結果是我卵巢早衰、子宮內膜薄，而且老公的精子碎片率不合格，很難自然懷孕，可想而知當時我們的心情有多焦急。醫生要我們趕快去做試管，匆忙之下在那個生殖醫院做了第一次試管，結果沒成功。那時我一下子就崩潰了，晚上睡不著覺，白天也吃不下飯，整天都陷在「完了連試管都失敗」的情緒裡，還有「我這輩子是不是都生不出孩子」的恐懼中！那時多虧家人的支持，告訴我真不行就領養一個，才慢慢收拾心情走了出來。

後來在機緣巧合下，之前一起做試管的病友跟我推薦了魏醫師擔任院長的安寶醫院。頭一次看診時醫師為我做超音波發現，我的卵巢裡只有幾顆卵子，當時的醫師講了一套養卵的理念，說要調整現在的飲食和作息，還要配合運動。說實話我是第一次聽到這種理論，以前在其他醫院都沒聽過，當時我一下就覺得像是推開了一扇新的窗戶、發現了新世界一樣！

魏醫師說心態很重要，她同時推薦我去看一下心理醫師。我以前從來沒看過心理醫生，安寶的心理醫師是個很漂亮的臺灣心理師，很有親和力也很會引導人，第一次上課時我哭得稀里嘩啦，把我這些年求子之路上的痛苦糾結傷心難過全倒了出來，心裡瞬間輕鬆了不少，感覺太棒了！上了幾節心理課之後，我的心態開始慢慢調整，不再像以前那樣時刻處在焦慮中。而且我也配合醫生說的養卵方法，吃得營養、好好睡覺（**上了心理課之後睡得特別香**），然後堅持每週運動 3 次。

之後又到了打排卵針的時間，我因為卵巢早衰的關係，卵子比較少，只取出了一個，但是因為養卵養得好，我一個卵子就配成了囊胚，再來就是打 GnRHa 長效停經針移植。移植後其實還是有點緊張，直到第十天去抽血，竟然成功啦！想分享給還在奮鬥的姐妹們，放輕鬆！擔心得越少、越不會胡思亂想，就越能成功！

2 接受了心理輔導，本來要做試管的我卻自然懷孕了！

我是在讀博士班那一年結婚的，婚後自然備孕了一年沒有懷上。一開始我以為會不會是身體出了問題，畢竟現在不孕的問題那麼常見，於是就到醫院做檢查。一系列檢查下來，醫生都說大致上沒問題，但是我有一側輸卵管稍微彎了一些，可能不是那麼通暢，但也不至於到懷不上的地步。後來我開始監測排卵，嘗試了幾個月還是沒懷上，接著又做了一次人工授精，同樣失敗。

當時我非常心急和焦慮，直接提出要做試管，但是被醫生給拒絕了，說我必須再做兩次人工授精才能做試管。當時也不知道怎麼的，我心裡就是很抗拒再繼續做人工授精，直接決定換一家醫院試試。後來經過朋友介紹，我找上了魏醫師。

魏醫師很有親和力，無形之中讓我的壓力稍有緩解。醫師認為我的心態處在一個非常焦慮的狀態，建議我去做一次心理諮商試試。她說有時候不健康的心態也會直接影響懷孕這件事。抱著試一試的心態，我預約了心理課。坦白說這是我第一次看心理醫師，心裡多少還是有點彆扭，總覺得怪怪的，沒想到開始談話幾分鐘之後，我就徹底拋開了這個想法，完全沉浸其中。心理老師很有技巧，一開始就覺察出我的狀況，引導我打開話匣子。當話匣子一開，就如滔滔江水綿延不絕，整堂課都是我一個人在 bala bala 不停地說，到

後來我的眼淚再也控制不住奪眶而出，就像終於找到一個出口，將這一路走來的傷心、痛苦、委屈、失望一股腦兒全傾倒了出來……哭完以後，我自己都覺得有點不好意思，但是心裡卻異常舒服，就像把滿是灰塵且滿目瘡痍的舊房子徹底打掃了一遍，讓它重新光亮起來，那一晚也是長時間以來，睡得最為踏實的一晚。

從那天以後，我愛上心理課了，開始期盼每週與心理師預約的時間。在她不斷引導和幫助下，我竟然挖出了內心深處的一個巨大恐懼！原來在我潛意識裡，竟然一直害怕生出一個不健康的孩子。這要追溯到我大學做志工時，曾接觸過很多不健康的孩子，並體會過他們家庭的痛苦、無奈與掙扎，當時在我心裡留下了很深的陰影。

隨著一次次心理課不斷深挖，我第一次完整窺探我的內心世界，找出那些過往歲月中深埋心中的陰影，包含來自原生家庭的經歷、與父母的關係，以及一路成長走過的辛酸，這些都是我抗拒、不願面對、隱藏在心中的痛苦秘密。我記得有本書上寫過一個比喻：我們的內心世界就像一座城堡，裡面裝著快樂也裝著痛苦，有愛與恨、美與醜、勇敢與怯懦……當我們刻意將不願面對的房間鎖起來，它就會深藏在陰影中，成為埋起來的創傷。心理師告訴我，想要跨過這個門檻，首先要做的第一步就是正視它們！

在她的幫助之下，我開始調整心態，積極地面對這些過去，學著釋懷、學著放下，當我不再焦慮恐懼之後，竟自然懷孕，生下了一個

健康寶寶!如果在此之前,有人告訴我其實是因為心理問題導致不孕,我一定不會相信。但在我親身驗證之後,我想告訴大家良好的心態對於備孕有多麼重要,也許妳和寶寶之間,就隔著一扇心理諮商室的大門喔!

❸ 什麼?! 太認真反而會影響著床機率?

38歲的小湘是個對自己要求很高的女性,每天總是把自己打理得很漂亮,大眼睛配上她熟練的化妝技巧,更是顯得慧黠有神。工作上一絲不苟的她,負責專案總能做到 100 分、待人處事也能善解人意,如此的她擁有好人緣,一路走來順遂如意。

結婚之後,小湘一樣做好萬全準備,在她覺得事業穩定、婚姻也幸福的前提下決定開始備孕,她想像著自己和先生愛的結晶可愛的模樣,想要把自己學到的一切都傳承給孩子,若是男孩她要讓先生教他說英文、自己教他閱讀;若是女孩則要幫她打扮得像小公主、教她彈琴,小湘無比期待當媽媽的日子。

然而,一個月一個月的期待落空,小湘開始擔心為何這個夢想還不實現?從一開始到醫院檢查,做了一些小手術、人工授精,加上各種中醫、偏方、好孕棉,甚至連算命都去了,依舊沒有懷上,最後她決定做試管,心裡想著這是最後一個機會了,應該會成吧!經過一連串流程,小湘很幸運地有了 5 個胚胎,她想萬事俱備,只欠移植了,興奮地開始搜集孩子的用品、衣物、佈置孩子可愛的房間,

到了移植前一晚甚至興奮到難以入眠，走了這麼久的彎路終於到了終點。移植後她小心翼翼保護自己，走路刻意放輕、放慢，還特地請假在家，聽大家說懷孕能躺就躺、能睡就睡，只怕一個不小心傷到肚子裡的胚胎，那可是她得來不易的寶寶呢。

沒想到老天爺開了小湘一個玩笑，第一次的移植失敗了，沒有著床。她鼓起勇氣告訴自己這只是一個意外，準備再移植第二次，沒想到又失敗了！她逐漸落入了失望的迴圈。醫生告訴小湘她的子宮內膜太薄影響著床，於是她拼了命上網查詢、諮詢各種專家、詢問有經驗的朋友，只要聽到對著床好、對增長內膜有幫助的，都一一嘗試，每次回診追蹤內膜厚度時都忐忑不安，她的生活似乎繞著內膜厚度轉，吃什麼東西都想著這對內膜有沒有影響，睡不好也擔心影響內膜，糾結著內膜厚度的數值，深怕內膜不夠厚永遠都無法成功著床懷孕。她甚至想著萬一沒有孩子，年老時孤苦無依要在養老院過下去……

一次偶然的機會下，小湘看到了「備孕減壓講座」，瞭解心理壓力對荷爾蒙的影響，於是她報名參加減壓團體課，透過課程認識壓力與備孕的關係、學習放鬆技巧，覺察負面的想法如何導致焦慮不安，而這些焦慮也會透過神經內分泌的機制干擾荷爾蒙的作用，最後影響內膜生成。

她跟著心理師每天做放鬆訓練，觀察自己的想法並進行調整，重新尋找增進生活品質的方法，不再過度糾結於內膜。她也開始「拈花惹

草」投入園藝的世界，看著種子發芽、成長、開花的過程，每天期待
著它的變化，轉移了自己對備孕過度的關注，心也比較平靜了。

沒想到這麼做一個多月再回診檢查，醫生居然說她的內膜有增厚，
可以準備再次移植了。而這次，小湘移植著床成功了！在孕期過程
懷著甜蜜期待又忐忑不安的心情，也不忘持續依循心理減壓課的
方法，用心照顧自己，終於生下家裡的新成員。

在這個備孕的旅程裡，小湘獲得寶貴的人生經驗，原來「認真」要
恰到好處，認真過頭反而傷身、得不償失。把自己過好、過得安心
是最重要也是健康的方式，更是備孕的不二法門。

NEWSTART
「新起點」健康原則
給您吃好、睡好、運動好、保持好心態的秘密武器！

健康不是偶然的，而是要遵循規律及良好的生活習慣來建立。換句話說，疾病也不是偶然的，它往往是透過不當飲食和不正常的生活作息一點一滴累積而成。「NEWSTART Lifestyle 新起點健康生活型態」正是一套能夠打造全方位健康生活的實踐良方，它是由 8 個健康原則所組成：均衡營養 (Nutrition)、持久運動 (Exercise)、充足水分 (Water)、適度陽光 (Sunlight)、節制生活 (Temperance)、清新空氣 (Air)、身心休息 (Rest)、信靠上帝 (Trust in God)。

遵循新起點 長壽又健康

2005 年《國家地理雜誌》一篇專文探討全球最長壽的三大族群，其中之一就是位於美國南加州羅馬琳達市的一群基督教復臨教會信徒，其生活型態及飲食習慣即符合新起點 8 大原則！在在證實了透過上述 8 項身心靈合一的生活方式，能使人遠離疾病、保持身心清爽。而此項新起點生活方式課程也已隨著教會醫院體系，在日本、韓國、台灣等國家展開，臺安醫院也是其中之一。

原則一：均衡營養

NEWSTART 著重「四無一高」飲食原則：無提煉油、無蛋、無精製糖、無奶、高纖維。強調應選用原型食物、避免精緻加工食品、高溫油炸料理、不過度倚賴濃縮保健食品。

有慢性心血管疾病的人，應避免食用紅肉、動物內臟及精緻提煉油脂，以免膽固醇加速堆積，成為腦血管、心臟運作的隱形殺手。

而鎂、鉀元素可以保護心臟細胞防止動脈硬化，建議從黃豆、紅豆、蕎麥、海帶、菠菜、香蕉、蘋果中多攝取此元素。根據哈佛大學研究顯示，每天增加 5 公克的纖維攝取量，得到冠狀動脈心臟病的機會就下降 37%！因為高纖食物通常脂肪、熱量都很低，完全符合預防心血管疾病的飲食標準。

 ## 原則二：持續運動

現代人因工作繁忙，如果要選擇每天最重要的 10 件事情，第一個被排除的可能就是運動。適度運動是保護心臟的護身符，有效運動會使大腦分泌一種嗎啡荷爾蒙，使人心情愉悅、放鬆肌肉緊繃感。運動前應先與運動教練、醫師討論過，選擇適合自己體能的運動。在每次運動前，務必做好暖身，並採循序漸進的方式進行。

原則三：充足飲水

人體有 60%–70% 的水分，氧氣、養分、礦物質以及各種特殊蛋白質及廢物都要靠水來運送。所以喝水不單是為了解渴，更是要排毒、活化細胞組織。一般人每日所需攝水量約為 2000 cc，但仍要視生活作息有所增加。特別是現代人一旦飲用含咖啡因或酒精類刺激性飲料時，更應補充一杯白開水，因為含咖啡因的飲料屬於利尿劑的一種，會加速體內水分排出。

在減重過程中，水亦扮演關鍵要素，因為燃燒脂肪需要水分！缺水將使脂肪燃燒過程減慢。但適時適量飲水是保持健康的重要方式，短時間大量灌水反而會使身體無法吸收，多餘水分會變成尿液排出體外，並造成腎臟負擔，嚴重一點甚至導致水中毒。正確的補充水分方法是少量多次、小口飲用。

年長者因為擔心夜晚頻尿，晚飯後常常就不喝水，這樣反而會增加半夜心肌梗塞及尿路結石的風險。建議年長者養成固定喝水習慣，晨起、餐前、睡前一小時適當補充白開水。心臟及腎臟疾病患者則需請教醫師每天適合的飲水量。

 ## 原則四：適度陽光

有人說，陽光是上帝賜給人類最天然的禮物！研究顯示，亞熱帶地區每日上午 10 點前或下午 4 點後照射陽光 15 分鐘，可以得到充足的維生素 D，能夠幫助人體吸收鈣質，進而預防骨質疏鬆及兒童近視，並讓身體產生抑制癌細胞抗體。

適度曝曬於陽光下，可透過陽光中的紫外線達到消毒殺菌的功能，亦可幫助憂鬱症和失智症患者，甚至食慾不振的症狀也可獲得改善。因為當少量的紫外線進入人體後，會釋放出活性物質組織胺，增加血管擴張、增強血管通透性，保護並幫助高血壓患者穩定數值。

 ## 原則五：節制生活

因著工作和壓力因素，抽菸、喝酒、熬夜已成為上班族紓解忙碌生活的理由，任何會成癮的事物都是我們當警醒的，即使是時下生活不可或缺的網際網路，使用上都需要節制，不然其所造成的危害不僅影響身心健康，更損害人際關係。

節制生活需靠個人意志力及群體力量教育，例如有些人只偏好固定的食物，導致營養偏差、疾病叢生，卻沒有法律能規範個人的生活習慣。不過聖經也提到：「溫柔、節制，這樣的事沒有律法禁止。」只要養成節制的生活態度，人便能享受真自由！

 ## 原則六：清新空氣

清新空氣是人類維持生命品質的重要元素。世界衛生組織更將空氣汙染列為影響全球死亡人口的主要風險因素之一。研究人員發現，空氣中的懸浮微粒每增加 10 mcg，因嚴重心臟問題（**心臟病或急性冠狀動脈症候群**）而住院的人數就增加 3%！空氣汙染相當嚴重的印度加德滿都，心肺疾病患者亦遠高於世界其他地區。

許多人睡覺時因隱私問題或怕冷，往往緊閉門窗導致空氣不流通，長期下來會導致呼吸道問題；上班族長期在空調空間工作，若再加上工作壓力以及事務機器排放的粉塵廢氣，普遍出現「慢性缺氧症候群」現象，最大的表徵就是易感疲勞、肩頸痠痛、偏頭痛等，這些現象都會讓人誤以為是其他病症而胡亂服藥。

建議上班族假日盡量往郊外活動，吸收足夠芬多精，它具有安眠、抗焦慮、鎮痛效果，對人體中樞神經及呼吸系統有很大的幫助，血液中的免疫球蛋白也會增加，遠勝過在室內裝置空氣清淨機或芳香劑。

 ## 原則七：身心休息

有句廣告詞說到：「別讓今天的疲勞成為明天的負擔。」真是現代人勞心勞力的警語！休息不夠導致的疾病，已經成為近年許多人猝死的主因。睡眠主要的功能就是修復身體在白天消耗的疲勞，同時刺激細胞活化增強免疫力。所以經常睡不夠或睡不好的人，特別容易感冒或引發口角炎及其他疾病。根據統計，死亡率最低的睡眠長度為 7 小時。

臺灣睡眠醫學會於 2015 年調查發現，臺灣每 5 人就有一人有失眠困擾，且隨年齡越大，失眠比例越高。長期失眠對於心血管疾病患者（**尤其年長患者**）來說是致命殺手，長期失眠不僅導致疲倦感加重，容易出現易怒、沮喪等情緒，更會讓血壓難以控制，使心血管疾病更加惡化。

建議平常應避免飲用含咖啡因的刺激性飲料及午睡習慣，同時在晚上洗完澡後、睡前兩小時做簡單的伸展運動或 100 下前後擺手運動。若長期未改善則需就醫尋求幫助。

 ## 原則八：信靠上帝

「信靠」是人出生時第一種學到的求生本能，健康生活方式必須有信靠才能恆久。因為空有健康的身軀，卻沒有平安喜樂的信靠，一旦生活中遇到挑戰或身體出現重大警訊時，便會因軟弱病急亂投醫。

我們會以科學、醫學、經濟學等人為方式來處理各種挑戰，但仍有靠自己無法達成的！所以《聖經》中的〈約伯記〉寫到：「你要認識神，就有平安，福氣也必臨到你。」信仰使人謙卑、行義並存盼望，懂得信靠的人，在患難中也是歡歡喜喜的，因為知道患難生忍耐、忍耐生老練、老練生盼望。美國有三分之二的醫學院開設心靈醫學課程，因為多數人在疾病痛苦中，會需要藉由祈禱使心靈更平靜、增強信心，有助於疾病的復原。

《聖經》提醒現今的我們：「人若賺得了全世界，賠上自己的生命，有什麼益處呢？人還能拿什麼換生命呢？」**（馬太福音 16：26）**遵循上述新起點八大原則，健康活到老並不稀奇！幫助妳重新做身體的主人！

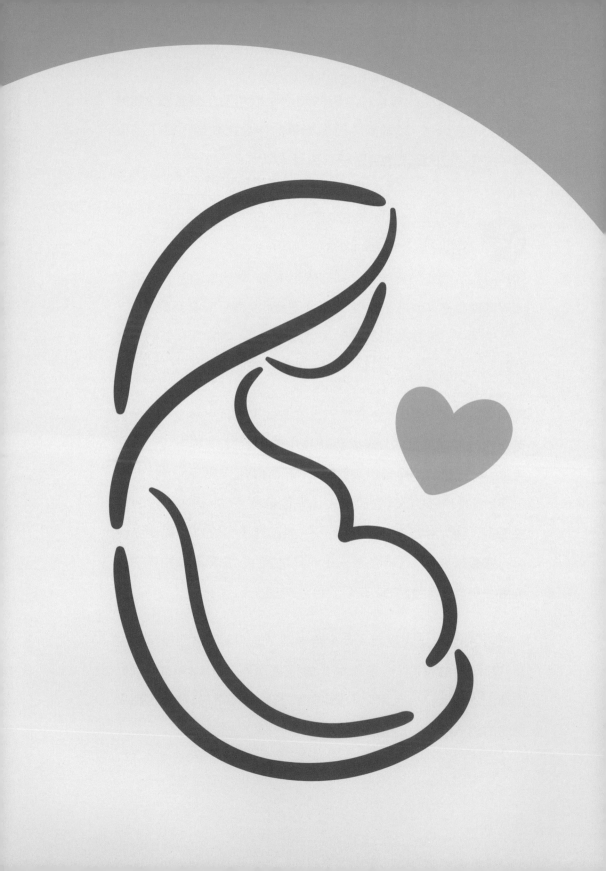

Part 4

好孕Q&A

不孕篇

養卵備孕篇

孕期篇

魏醫師個人微博問答集

好孕Q&A
不孕篇

Q 何時是最佳的生育年齡？

A 現代人忙碌又晚婚，等意識到要生小孩時已經 3、40 歲。事實上高齡產婦難產的機率比年輕產婦增高，生出畸形兒的機率也顯著增多，這對產婦與嬰兒都十分不利。而「唐氏症」這種染色體異常所造成的病症，也常與母親年齡過大 **(超過 35 歲)** 有關。這種病在 29 歲以下婦女所生的嬰兒中較少；30~34 歲婦女所生的就增加到 1/700；35~39 歲所生的則高達 1/300。法國遺傳學家提出最佳生育年齡為女性 23~30 歲，男性 30~35 歲，因此年輕男女一定要把握最佳生育年齡。

Q 怎麼從月經狀況判斷自己是否「好孕」？

A ①月經週期規律，一般在 24-28 天左右，不超過 32 天。

②月經量正常，大約在 5-7 天左右。

③月經週期第 9-12 天，開始出現拉絲白帶。

Q 什麼原因引起女性不孕？

A 1 輸卵管阻塞，精子和卵子無法在輸卵管相遇；

2 子宮內膜異位症，巧克力囊腫，還有子宮腺肌症，對輸卵管功能造成不良影響。巧克力囊腫會破壞卵巢，造成卵巢功能的下降，還有子宮腺肌症會造成子宮血循環不足，影響著床；

3 多囊卵巢症候群，因為胰島素阻抗造成雄性素較高而不排卵；

4 宮寒，由於現在生活形態不好，久坐缺乏運動造成心肺功能不良、熬夜、吃垃圾食品，當身體攝入養分不足使得代謝較差（**胰島素不敏感**），使排卵時間延後、卵子品質較差，胚胎的染色體也容易異常，造成著床失敗或胎停。

Q 為什麼月經總是不乖乖聽話？
這和身體養分有什麼關係呢？

A 很大一部分原因與卵子品質有關，因此追本溯源，務必把卵子養好，讓身體擁有充足養分，因為當攝入養分不足時，身體會優先把養分提供給大腦、心臟、肝臟等重要器官，而子宮、卵巢等生殖器官就會被忽略掉。若長期無法提供充足養分，妳的子宮卵巢便會自然地出現問題，只能透過月經不正常等方式，向妳拉警報！

Q 如果我是多囊卵巢患者，該怎麼養卵？

A 多囊卵巢其實就是雄性激素過高引起的，使得卵巢沒有辦法選擇出優勢卵泡所造成。而過多雄激素又是來自於身體的胰島素阻抗。由於80% 的胰島素在為肌肉工作，所以運動、增肌之後，胰島素的效能就會變好，便有機會恢復正常排卵。

Q 卵巢早衰年輕化應該怎麼辦？

A 卵巢早衰就是卵巢已經成為脂肪組織，只有周邊有小小的濾泡，彷彿沙漠中的一小片綠洲。但妳相信嗎？即使是沙漠中的小綠洲，依然有發展的潛能，只要被足夠的雨水滋養，這個綠洲裡的小卵泡就會吸收到養分，開始慢慢長大、發芽成熟。然而這個養分從何而來？當然是從我們日常的健康飲食、規律作息和適當運動而來，它能給予身體足夠的養分，使子宮和卵巢被充分滋養，然後培育出好的種子、開花結果。因此卵巢早衰的人，要更注重養分的攝取，堅持下去，沙漠也許能夠變綠洲。

Q 常常聽到「宮寒」這個詞，它是怎麼形成的呢？

A 當女性身體養分不足便會造成宮寒、卵巢血循環不足。以下這幾種人
更容易發生：①心肺功能不佳的人；②經常熬夜的人；③減肥的人。當
卵巢卵子營養不足，便會加速自然消亡，進一步造成卵巢早衰。想要
改善就要從健康飲食、運動健身做起同時告別熬夜，以延緩卵巢衰老。

Q 我有子宮肌瘤，需要先開刀拿掉嗎？

A 子宮肌瘤是常見的一種良性腫瘤。備孕的女性若
有子宮肌瘤，只要肌瘤位置不在子宮內膜正下
方，就不太會影響著床和月經量，不一定要處理，
但一定要持續觀察！

Q 很多女生都患有子宮內膜異位症引起的巧克力囊腫，
這會導致不孕嗎？

A 子宮內膜異位症除了疼痛和引發腸胃不適外，有將近一半的患者會發
生不孕的狀況。其中一部分原因是子宮內膜異位症造成輸卵管和骨盆
腔沾黏；還有病灶產生的細胞素影響精子和卵子。

Q 男性不孕有哪些原因呢？

A 如果從嚴重度來分類男性不孕，可以分成 3 種：

第一種是輕度不孕，即精蟲較少或活動力較差。造成的原因包括環境因素，如污染、高溫工作、抽煙、生活不規律、睡眠不足、藥物影響等。

第二種是精蟲品質極度不良，標準是每 CC 精蟲數小於 200 萬隻，快速向前竄動精蟲小於 20%。這類病人的病因如精索靜脈曲張、部份隱睪症。

第三種則是無精蟲的重度男性不孕，一類是睪丸正常，即所謂阻塞性無精蟲症；另一種是先天無輸精管的病人，睪丸基本上是正常的；還有另一類無精蟲症來自睪丸因素，是男性不孕症中最難治療的一種。

Q 情緒與不孕有何關係？

A 勞於工作、精神緊張，加上人際關係
壓力，甚至是想要懷孕的迫切心情，
混在一起讓生活變得一團糟。急性高
度壓力或持續性的慢性壓力，都會引
起神經內分泌功能失調，進而影響生
殖系統的功能。

Q 血糖過高為何影響懷孕？

A 身體為了避免人體吃不飽、飢餓等問題，胰島素必須盡力把身體剩餘
營養儲存成脂肪，才能在飢餓時釋放能量。所以當妳的胰島素過高時
首先就會造成脂肪堆積，尤其會堆積在血管壁影響血液循環，進而使
血糖控制不好、全身各個器官造成影響，包含心臟、血管、眼睛、腎
臟、神經、牙齒等，免疫系統也會受傷。所以新冠病毒感染特別容易
在血糖高的人群中發生，而且帶來嚴重併發症。

懷孕期間若是媽媽血糖過高，則容易造成胎兒異常，尤其是心臟和腦
部的發育，所以懷孕期間，媽媽們需要控制好血糖，吃好、睡好、運動
好；男性方面，糖尿病除了會影響性功能，更會造成精子基因突變、胚
胎異常，這也是造成不孕的原因之一喔！

好孕Q&A
養卵備孕篇

Q 不宜懷孕的狀態

A 為了生育出健康的後代，選擇受孕時機非常重要，下列情況不宜懷孕：

1. 停用傳統避孕藥後不宜立即懷孕，可在停藥後以保險套避孕，並在恢復 3~6 次正常月經後再懷孕。
2. 情緒不穩定或患病期間，應先詢問醫師。
3. 流產、早產後，應先諮詢醫生。

Q 戒酒多久後才可懷孕？

A 酒精是生殖細胞的毒害因子，酒精中毒的卵細胞仍可與精子結合形成畸形胎兒。要避免這樣的情況，應等中毒的卵細胞排出、新的健康卵細胞成熟，再考慮受孕。酒精對精子的危害也很嚴重，特別是酗酒者，酒精可導致精子活動能力下降，使精子受到損傷。由於酒精代謝後新的卵子與精子各自成熟的時間有所不同，女性在戒酒後 3~4 週之後可安排懷孕；男性最少應完全戒酒兩個月以上。

Q 懷孕前應避免的勞動

A
1. 應暫時停止有污染或強烈有害放射線源的工作。
2. 除適度的公務勞務外，應暫時停止繁重的工作。
3. 男性應暫時避開可能影響精子正常生成的不利因素，例如：長時間低溫水下工作，可能導致睪丸常溫失調，影響或降低精子生成的能力。

Q 備孕期間女性需要注意什麼？

A
「吃好、睡好、運動好、保持好心態」
1. 不要熬夜，超過 11 點以後睡覺就叫熬夜喔！
2. 三餐定時定量，尤其是早餐，一定要吃得健康豐盛，就像鐘南山院士說的，早上吃得像皇帝。
3. 戒掉宵夜。
4. 保持合理的運動，最好是有氧運動搭配無氧運動，提升心肺功能、增加肌肉量、提高代謝。
5. 建議每日測量基礎體溫，記錄出現拉絲白帶的時間，因為這是最好的同房時間。因為拉絲白帶就是精子的電梯(motor way)，它可以保護精子，讓精子快速到達輸卵管附近。基本上排卵正常時，應該要在月經週期第十一、十二天左右出現拉絲白帶，若是妳的拉絲白帶比較少，而且比較晚出現，就應該及早去看婦科醫師，做內分泌、血糖、還有維生素 D3 的檢測喔！

備孕時能吃澱粉嗎？

A 可以喔！

三餐主食請盡量從五穀雜糧中攝取，特別是早餐和中餐的主食最重要，因為我們的大腦需要糖分，多吃主食才能使早上的大腦順暢運轉！晚餐則需要更多青菜，幫助腸道好菌有一個溫暖的家，可以避免腸子發炎、毒素從腸子細胞的縫隙跑到血循環，產生很多問題例如自體免疫的疾病。更重要的是我們一定要吃原型食物，絕對不要吃人造加工的食品喔！

舉例來說，紅豆黑米粥中的紅豆營養價值很高，有利消水腫以及健脾胃之效，還能補鋅；黑米則富含蛋白質、碳水化合物、B群維生素、鈣、磷、鐵等營養。且黑米含有白米缺乏的維生素 C、葉綠素、胡蘿蔔素等成分，營養價值比普通白米要高。若是黑米糙米，營養價值則更高，因為含有胚芽，其維生素、蛋白質含量更高，纖維多對胰島素刺激較低、升糖指數也較低。而紅豆本身就包含了胚芽，膳食纖維較高，所以升糖指數也較低，兩者加起來作早餐、中餐的主食非常適合。

Q 控制血糖對養卵有怎樣的幫助？

A 懷孕前將血糖控制好，這樣更有利於受孕、寶寶也更健康；孕前血糖控制不理想，懷孕後也容易導致胎兒發育異常，增加胎停和流產的風險。通常胰島素效能好

時，我們的血糖就能被合理調控；但是當胰島素效能不好、發生阻抗時，會讓卵子的品質變差，導致卵巢延遲選出優勢卵泡，或甚至無法選出優勢卵泡，進而引發多囊卵巢的問題。所以歸根究底，妳必須提高胰島素的效能，進一步合理調控血糖。

Q 備孕時怎麼減肥比較恰當，又可以兼顧養卵呢？

A 肥胖其實和身體代謝有關，如果妳的身體代謝降低，就會增加脂肪堆積。請從以下幾點做起：

① **不熬夜**：熬夜會讓妳的生長激素分泌下降，使胰島素效能降低，自然增加脂肪堆積。

② **運動**：增加肌肉量可以降低胰島素阻抗、增進代謝，透過適當的有氧運動和無氧運動結合，便能達到這個目標！

③ **健康飲食**：食物的品質會影響胰島素效能，不選擇高升糖指數（高GI）和影響胰島素受器結合的食物（**例如地溝油、反式脂肪等**）造成胰島素阻抗。

Q 備孕時可以採用生酮飲食嗎？

A 生酮飲食並不適合備孕的妳喔！因為備孕
需要較高的肌肉量和營養儲存，而在生酮
飲食過程中，若稍有不慎極有可能造成
身體養分的缺失，不但燃燒了肌肉，更容
易造成生殖器官養分不足，使卵子細胞凋
亡、代謝下降，最終造成卵巢功能下降。

Q 輔酶 Q10 為何能幫助養卵？

A 隨著年齡的增長，身體的輔酶 Q10 會逐漸下降，相對應的心肺功能也
會逐漸下降，這就是為什麼女人年齡越大，越容易宮寒的原因之一。
所以補充 Q10 非常重要，不但可增加心肺功能、增強代謝，還可增加
末梢血循環，幫助常常被剝奪養分的子宮、卵巢。

Q 備孕、懷孕的準媽媽們應該注意哪些維生素的補充？

A **維生素 D** 對於備孕、懷孕婦女以及哺乳期的媽媽來說很重要，準媽媽
們母體的維生素 D 含量充足的話，胎兒發育相對比較健康，慢性疾病
的機率也較少，懷孕過程中妊娠高血糖和妊娠高血壓的發生機率也相
對較低。

維生素 K 最重要的作用是幫助血液凝固，有助於月經過量等症狀，其
中維生素 K1、K2 最為重要。

維生素 C 是人體的基本營養素，具有基因調控酵素的作用，能增強表
皮細胞對抗病菌及抗氧化能力，減少免疫力下降、感染的機率。

Q 為什麼説早睡早起是養身的好方法？

A 因為早睡早起、保持良好作息，才會分泌出足夠的生長激素，讓細胞得到好的修復。一般 11 點左右就是生長激素分泌的高峰期，一定要在 11 點以前入睡。有些人認為只要睡滿 8 小時就夠了，經常晚上當白天用，白天再來睡覺，卻常常感覺永遠睡不飽，就像手機的電池充不飽一樣。要知道，我們的胰島素也是日出而作、日落而息，早起吃一頓營養豐盛的早餐，可以早些喚醒胰島素、增強它的效能。所以早餐要吃得像皇帝，多多攝取雜糧的熱量、多吃水果，這樣才能啟動妳的胰島素，提供一整天滿滿活力，讓我們的身體擁有好的代謝喔！

Q 睡眠情況不好的人怎麼通過養生來改善？

A 睡眠不好，會讓生長激素分泌減少、胰島素分泌增加，帶來惡性循環影響睡眠品質。建議可以採用以下幾個方法：

1 晚上不吃宵夜，把晚餐時間提早，最好多吃青菜和蛋白質等低升糖食物。記得不要吃太油膩、太多澱粉類食物，因為這會用到妳的胰島素，導致胰島素在工作的時候，睡眠被打擾。

2 增加肌肉量，肌肉含量高的人代謝比較好，就像車子馬力比較強，一天下來消耗較大，比較容易累，當然就比較好睡。而體重輕的人睡眠深度都會較差、長度較長，就會像電池永遠充不飽電。

3 晚上最好不要聊天，盡早停止動腦的工作，因為這樣才能讓大腦安靜下來、減少做夢的機率，影響睡眠品質。建議可以靜坐默想，讓大腦沉靜。

Q **熬夜過後吃哪些東西可減少對身體的傷害？**

A 熬夜，會降低生長激素的分泌、產生很多自由基，從而加重胰島素阻抗、進入惡性循環。建議熬夜後，第一個要補回睡眠，然後做一些運動，這樣才能改善睡眠品質。另外還可以多吃一些抗氧化(antioxidant)食物例如：

1 蔥類，如洋蔥、蒜頭、青蔥等；

2 含花青素的食物，如藍莓、茄子、葡萄等；

3 含 Beta 胡蘿蔔素的食物，如南瓜、芒果、胡蘿蔔、菠菜、香菜等；

4 含兒茶素的食物，如茶、紅酒等；

5 含銅的食物，如海鮮、瘦肉、牛奶以及堅果類(nuts)食物。

6 還可以服用一些營養補充食品，例如輔酶 Q10 就是最好的抗氧化物，此外 B 群、C 群還有維生素 D3，這些都具有抗氧化、增強免疫的效果喔！

Q **備孕半年多一直沒成功該怎麼辦？**

A 請先作自我檢測：

① 備孕期間，超過 11 點後睡覺占了多少比例？

② 三餐是否規律，尤其早餐是否吃得營養豐盛？

③ 是否有吃宵夜的習慣？

④ 是否保持適當運動？

⑤ 建議測量基礎體溫，並記錄出現拉絲白帶的時間，也記得這個時候是好的同房時間。

⑥ 除此之外，輸卵管造影、卵巢功能、6 項激素、還有糖耐檢查、維生素 D3 檢測，以及先生的精液檢查，都要去做喔！

Q **如何紓解期待懷孕的壓力呢？**

A **自我慈悲**：試著每天做「自我慈悲」的練習，想想如果相同的事情發生在我們家人或好友上，我們是否會責怪對方？還是會寬待、安慰對方？練習對自己寬容、慈悲，照顧自己受傷脆弱的心，是對身體最好的良藥。

控制備孕訊息量：心理專家建議備孕者限定每天接收備孕訊息的時間不超過一個小時。因為在網路上搜尋相關訊息，會越看越迷網、越看越心慌。

不壓抑情緒：正視自己的情緒，用適當的方式宣洩、不讓負面情緒堆積在內心，例如：運動、寫日記、與人談心都是很好的方法。

好孕Q&A
孕期篇

Q 孕婦需要的營養應該從哪裡獲取呢？

A 孕婦一人吃兩人補，所以懷孕期間的飲食是非常重要的。在懷孕初期，胎兒的大腦、心臟開始發育，充足的葉酸對胎兒的大腦和神經系統發育尤為重要，建議從備孕期間開始補充。此外孕婦需要攝取較多鈣質，以幫助胎兒骨胳發育；維生素 D3 除了幫助鈣吸收之外，還可增加免疫力，建議適量補充。再來孕婦也需要補充鐵，因為孕期血液血球增加，需要較多鐵來製造更多紅血球。此外還需要優質蛋白質以及較好的魚油(DHA+EPA)，因為好的油脂對細胞膜、神經、大腦的發育很重要喔！

Q 葉酸對懷孕有怎樣的幫助呢？

A 大約 1/3 的孕婦，因為缺乏維生素 B 群中的葉酸而發生貧血，此類型貧血更會藉著懷孕的過程惡化。在輕度缺乏葉酸、尚未構成貧血前，孕婦會先產生倦怠及妊娠斑。而合成去氧核糖核酸、核糖核酸也都必須有葉酸，因此對於胎兒腦部的發展非常重要，缺乏時將導致出血性流產、早產、先天性殘疾、胎兒智力發育遲緩及嬰兒死亡。所以應該在受孕前或至少於懷孕初期即補充葉酸。

Q 哪些食物對補充蛋白質最有幫助？

A 我們的身體含有超過一萬種不同蛋白質，肌肉、骨胳、皮膚、酵素、血球，甚至全身組織細胞都是由蛋白質組成。因此一份健康的食物必須有一半養分來自全穀類和健康蛋白質，另外一半來自蔬菜和水果。而蔬菜可能占三分之二、水果占三分之一。

蛋白質的來源最好選擇魚類、家禽類、豆類和穀類；以及少量的紅肉和起司，儘量不要吃培根或合成肉類。增加植物蛋白質對健康非常有幫助！可多吃全穀雜糧還有堅果 (nuts)；水果例如香蕉；蔬菜例如蘆筍、西蘭花、孢子甘藍菜、洋薊等，這些都含有很多的蛋白質喔！

Q 如何透過養生降低血脂？

① **運動**：增加肌肉量，這樣能增加胰島素效能、有效降低體內脂肪堆積、進而降低血脂；

② **不要熬夜**：熬夜也會增加胰島素阻抗、增加體脂肪的堆積，使血脂增高；

③ **戒掉宵夜**：吃宵夜除了會增加胰島素阻抗之外，還會攝入過多熱量，這些熱量無法消耗最終都會轉為脂肪形式儲存，自然會增加血脂；

④ **可以吃魚油**：魚油富含 EPA，可以幫助降低血脂；

⑤ **吃益生菌**：益生菌可避免腸漏症，還可以排毒，避免不好的脂肪吸收及血脂增高。

好孕Q&A
魏醫師個人微博
問答集

Q 孕期和孩子過動症有關聯嗎？

A 所有的疾病都是預防重於治療！而預防則是從媽媽懷孕的初期就已經開始了，因為在孕育一個小生命的初期，也正是胎兒大腦發育的時候。懷孕初期，胎兒的頭部幾乎占整個身體的二分之一，若此時媽媽攝入的養分不足，會直接影響胎兒大腦細胞的發育。所以很多人在懷孕初期心情不好、情緒低落，甚至發生家庭爭吵等，都會影響母體的養分吸收，造成胎兒腦部細胞發育不好，成為未來引發孩子過動症甚至自閉症的重要原因之一。

若懷孕初期媽媽的狀態不好，也會影響葉酸活化酵素(MTHFR)的轉化，從而影響胎兒的腦部發育。所以建議高齡高危險群的準媽媽們儘

量服用活性葉酸，孕期一定要保持良好心情，吃好睡好運動好喔！其實我自己也親身經歷過，懷孕初期時剛好從美國回到臺灣，當時的工作不是很順利、心態也不太好，導致我的兒子出生後在成長過程中遇到一些難題。後來經過在 Oregon 的 Second Nature Cascades 訓練，兒子的數學歷經一年從 7 分到 A+ 的轉變！所以準媽媽們一定要有信心，但是最重要的還是預防重於治療，也希望所有準爸爸們，讓準媽媽們保持好心情、好狀態喔！

Q 臉上長痘痘一直都沒好，而且皮膚乾，怎麼辦呢？

A 若胰島素的效能夠好，大部分的胰島素會和胰島素受體結合，但當胰島素效能不夠好時，會發生胰島素抵抗，有很大機率會和類胰島素受體結合，產生過多雄性素。所以當妳長青春痘時，會發現月經可能也會出現問題，或週期推遲、排卵延遲。再留心觀察，妳會發現痘痘爆發的時間一般在加班熬夜、吃宵夜油炸的食品時。那麼該如何避免呢？當然就是不要讓胰島素發生阻抗：

1 規律作息，早睡早起，不要熬夜；

2 三餐營養均衡，一定要吃早餐，晚上多吃蔬菜；

3 大部分的胰島素在肌肉中，所以適當運動也可以增加胰島素效能降低青春痘的發生；

④ 攝取輔酶 Q10。很多化妝品都會用到輔酶，因為 Q10 有很強的抗氧化 (antioxidant) 能力，也可以增加心肺功能能促進皮膚血液循環。再來也可以增加維生素 C (**包括多吃蔬菜水果**) 的攝取，它也有抗氧化的能力，這些都可以幫忙減少青春痘的發生；

⑤ 最重要的是食物的攝取一定要天然，否則會產生很多自由基 (free radical)，造成滿臉青春痘。

記得我兒子小的時候，有幾個青春痘特別嚴重的同學，我就問兒子，他們有在家吃飯嗎？兒子回我說他們都是「7-Eleven 的小孩」，也就是他們經常外食，常常吃到一些不好的油脂和食物，所以青春痘特別嚴重！

有關糖尿病病變問題

糖尿病有一型(type I)，二型(Type II)，最近也有說所謂的三型(TypeIII)，也就是血糖高併發失智(Dementia)。Type I 是胰臟分泌胰島素的細胞，因為自體免疫，被自己的白血球破壞了而無法分泌胰島素，這常常是遺傳或者是環境因素所造成的。例如家裡成員有一型糖尿病患者，這樣患病的比率就會增高，還有可能因為病毒感染引發胰島素分泌的細胞被破壞所造成。

多數的糖尿病都是屬於二型糖尿病，也就是胰島素阻抗所造成。這是因為胰島素和胰島素受器結合的效果不好而造成增高分泌(hyperinsulinemia)。至於胰島素的高低所造成的後遺症其實和人種有關(thrifty gene, poverty gene)。我們遠古的祖先們常常為了食物問題發愁、吃不飽，所以胰島素必須盡心盡力把身體內所有剩餘的營養儲存成脂肪，才能夠在饑餓來臨時釋放出能量。所以當妳的胰島素過高時首先就會造成脂肪堆積，尤其會堆積在血管壁影響血液循環，血糖也控制不好，進而對全身各個器官造成影響。例如心臟、血管，眼睛、腎臟、神經、牙齒，而免疫系統也會受傷。所以這次新冠病毒在血糖高的人群中非常容易發生感染且發生嚴重的併發症。

除此之外，糖尿病還可能引發以下疾病：

① 心血管類疾病，還有腎臟功能衰竭，需要透析甚至換腎；

② 心臟功能的問題，例如冠狀動脈阻塞、大腦血管阻塞造成的中風，這是最常見死亡的原因；

③ 神經類的疾病。糖尿病的病人因為高血壓還有高血糖，會造成全身神經受傷。神經性的受傷也會造成消化功能及性功能障礙，使末端神經受損（peripheral neuropathy）造成截肢；

④ 視網膜障礙，使視力下降甚至失明；

⑤ 容易引發口腔的炎症，除了造成牙齒掉落外，也可能因為長期發炎，使得心臟血管疾病的發生率增加；

⑥ 更重要的是，在懷孕期間若是媽媽的血糖過高容易造成胎兒異常，尤其是心臟和腦部的發育。所以懷孕期間，媽媽們需要控制好血糖，吃好、睡好、運動好！男性也要小心，糖尿病除了會影響性功能，更會造成精子基因突變、胚胎異常及不孕喔！

Q **血糖高的寶媽，給孩子哺乳會影響嬰兒生長嗎？**

A 有妊娠糖尿病的媽媽餵母奶，對胎兒不但沒有影響，而且對母體短期或長期的健康，都是有幫助的。

我們知道妊娠糖尿病的媽媽在懷孕過程中，因為胰島素阻抗，所以當胰島素經過胎盤到達胎兒時，會造成胎兒過多的胰島素，使胎兒個頭較大。妊娠糖尿病的媽媽，在產後乳汁的分泌比較不好，且這類媽媽剖腹產的比例也較高，這就造成了較少糖尿病媽媽會餵母奶。

但是現在研究發現，妊娠糖尿病的媽媽在餵母奶後血糖比較容易恢復正常，並發現它的胰臟 beta 細胞比較容易恢復功能，不但在短時間內可以改善血糖胰島素的功能，而且未來發展成糖尿病的時間也會延遲。所以應該鼓勵血糖高的媽媽餵母奶喔！

男性熬夜、抽煙喝酒會影響懷孕嗎？

 當然會。

記得很久以前在臺灣有一對試管夫妻，先生白天當晚上過，晚上當白天過，日子非常非常精彩，而且菸不離手。太太做試管的時候我們建議她冷凍一半的卵子，另外一半配成胚胎，結果胚胎染色體竟然大部分都異常。所以建議備孕夫妻，不但妻子要保持健康，丈夫也一樣喔！

胎兒的心臟是從什麼時候開始形成發育的？

胎兒的心臟，大約在卵子精子受精之後的 18 或 19 天就開始形成了。最初的發展是非常重要的，因為它會影響到胚胎以及胎兒的發育。

胎兒的心臟是第一個開始工作的器官，它開始心律博動而且發生血循環是在受精卵的第 22 天（**第四星期**）。它的形成，是由兩個管子（endocardium tubes）合併成心臟（tubular heart）之後再分割為 4 個房間，兩個心房、兩個心室。

大約在懷孕後的 6 週，心跳大約在 110，之後再經過兩星期也就是 8 週的時候，它的心率可達到 150 到 170 每分鐘。但在懷孕 10 週之後，心跳就會減慢喔！

所以懷孕初期**（7 到 8 週）**，可以利用胎兒的心率來判斷胎兒的健康與否！當我們看到胎兒心率較慢的時候，可以讓病人去踩一堂飛輪課，上完課之後馬上再做超音波，這個時候胎兒的心率反而加快，讓病人不再害怕適度的活動會產生什麼不良影響，反而會降低流產的比率喔！

Q 高齡婦女月經來 2、30 天不走，應該怎麼辦？

A 接近更年期的女性出現月經滴滴答答或量很大的時候，一定要留意子宮內膜的狀況，是否有過度增生或子宮內膜癌的發生。尤其是比較肥胖或血糖比較高的婦女，患內膜癌的比率是較高的。所以這個時候一定要找婦科醫師檢查。一般在陰道超音波下會看到子宮內膜較厚，這個時候做子宮內膜刮除，並送病理診斷，能夠確定是否有內膜過度增生或腫瘤的現象。

還有一種可能是接近絕經的狀態，卵泡在成熟的過程中斷導致無法正常排卵，從而出現不正常出血也就是月經滴滴答答淋漓不盡。這個時候抽血檢驗激素 6 項，若濾泡激素升高就是將近絕經的表現！一些必要的時候，還是會考慮做子宮內膜刮除，這樣不但可以治療出血現象，也可以送病理化驗再次確定內膜的過度增生情況，排除腫瘤喔！

Q 如何降低血脂？

A

① **運動**：增加肌肉量，能增加胰島素效能，有效降低體內脂肪的堆積，降低血脂；

② **不要熬夜**：熬夜會增加胰島素阻抗以及體脂肪堆積，使血脂增高；

③ **戒掉宵夜**：吃宵夜除了會增加胰島素阻抗之外還會攝入過多熱量，這些熱量無法消耗最終都會轉為脂肪形式儲存，自然會增加血脂；

④ **吃魚油**：魚油富含 EPA，可以幫助降低血脂；

④ **益生菌**：益生菌可以避免腸漏症，還可以排毒，避免不好的脂肪吸收及血脂增高；

④ **降血脂藥(Hypolipidemic agents)** 又稱調血脂藥或 antihyperlipidemic agents、lipid-lowering drugs，是一類用來治療高脂血症的藥物。常用的降血脂藥有兩大類，分別為他汀類藥物 **(Statin)** 和貝特類藥物 **(Fibrate)**。

備孕期間有哪些食物需要忌口？

1. **油炸食品、地溝油食物等**：不好的油脂攝入身體形成細胞的細胞膜後，會產生胰島素阻抗，造成宮寒及卵子品質下降；

2. **不天然的食物或含有人工添加的食物**：攝入這類食物會產生過多自由基，造成發炎反應、降低身體代謝；

3. **含有過多反式脂肪和人工果糖的食品**：例如奶茶，茶飲等。這會造成胰島素阻抗，降低身體代謝；

4. **三餐定時定量**：晚上多攝取優質蛋白質和綠葉蔬菜**（不能用水果代替）**，主食類要減少，以免造成脂肪堆積，進一步造成發炎反應，讓身體代謝下降。備孕時一定要注意營養攝取、提升身體代謝，因為若代謝下降、身體的營養不足，就會影響生殖器官血液循環，進而影響懷孕及孕期胎兒的發育喔！

 備孕期服用葉酸週期為何？

美國婦產科學會建議，女性在懷孕前一至三個月內至少要攝入 400mcg 葉酸，懷孕之後則要維持 600mcg。但是葉酸攝取後必須經過 MTHFR 酵素，而這個酵素的效能可能會因 MTHFR 基因缺陷或者代謝較差而導致它的轉化能力較差，這也就是為什麼有些配方會用到 5 毫克的葉酸，主要是怕它無法轉化成活性，進而無法吸收利用。建議可以直接服用甲基化也就是活性的葉酸。

有些食物含有較多的葉酸，可以建議在備孕、懷孕甚至是哺乳期女性多多攝取：

1. 顏色較深的綠色食物例如菠菜、西蘭花、蘆筍
2. 酪梨、柑橘　3. 豆類蔬菜　4. 豆類蔬菜　5. 豆類蔬菜

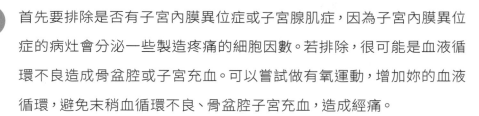

Q 為什麼有些女性月經時會肚子痛？

A 首先要排除是否有子宮內膜異位症或子宮腺肌症，因為子宮內膜異位症的病灶會分泌一些製造疼痛的細胞因數。若排除，很可能是血液循環不良造成骨盆腔或子宮充血。可以嘗試做有氧運動，增加妳的血液循環，避免末稍血循環不良、骨盆腔子宮充血，造成經痛。

建議再增加無氧運動，例如重量訓練，尤其建議一對一教練訓練。經驗豐富的教練不但可以給予妳正確的指導，還能避免出現受傷的狀況。另外瑜伽也是不錯的選擇，這些運動都可以增加代謝與血液循環！我記得我在高中的時候因為課業繁忙，所以都沒有時間運動，每次月經來都痛得要命。上大學之後常常打網球，月經來還是照打，再也沒有出現痛經的狀況，所以運動很重要！還有月經來的時候不要拼命喝水，這樣可能會更痛喔！

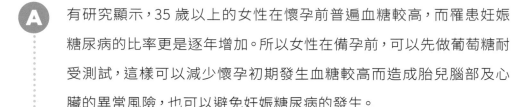

Q 高齡女性如何科學備孕？

A 有研究顯示，35 歲以上的女性在懷孕前普遍血糖較高，而罹患妊娠糖尿病的比率更是逐年增加。所以女性在備孕前，可以先做葡萄糖耐受測試，這樣可以減少懷孕初期發生血糖較高而造成胎兒腦部及心臟的異常風險，也可以避免妊娠糖尿病的發生。

那麼應該如何避免血糖高及胰島素抵抗呢？

1 規律作息，不熬夜；

2 三餐定時定量，合理搭配營養，吃天然健康的食物，這樣才能讓身體代謝夠好、養分夠充足；

3 適度運動，增強血液循環，幫助養分吸收；

養卵的魔法──孕育一個健康的小生命

④ 保持好心情、遠離焦慮，這樣可以增加副交感神經作用、增加腸胃營養吸收。

⑤ 備孕期間還應該補充：

❶ 活性葉酸

足夠的葉酸能夠幫助胎兒的腦部發育、避免缺損，例如脊柱裂，甚至自閉或過動症可能都和葉酸的缺乏有關；

❷ 維生素 D3

越來越多研究發現準媽媽們每日補充 4000 單位的維生素 D3，可以幫助鈣的吸收，有助於胎兒骨骼發育，更可以避免妊娠高血壓的發生。若維生素 D3 缺乏，則可能造成免疫系統失調、自體免疫系統疾病，還有胰島素抵抗、流產或胎停的機率；

❸ 維生素 C

維生素 C 對免疫系統很重要，因為它有很好的抗氧化作用，多吃蔬菜水果可以增進腸道健康；

❹ 魚油（EPA,DHA）

魚油除了可以避免發炎反應、降低胰島素阻抗外，其中 DHA 也對胎兒的大腦發育有重要作用；

❺ 益生菌

懷孕過程中攝取足量的益生菌，除了可增加腸道中的好菌，也可增強準媽媽們的免疫力。

謝辭

自踏入生殖醫學領域 30 餘年來，我得到許許多多貴人的扶持。承蒙他們盡心竭力的幫助，才成就了今天的我，每每想起總是萬分感恩。這一路走來要感謝的人實在太多，例如我的博士生導師江漢聲校長。

回想當年，年輕的我剛從美國進修歸來，空有知識和技術卻沒有多少病人，在事業遭遇瓶頸期時，江漢聲校長給了我很大的支持，我們在合作的男性不孕症專案中，發現很多染色體異常或基因異常的病人，於是開啟了胚胎著床前診斷的臨床應用。此後我的導師一直無私給予我幫助與支持，使得我成功地在 1997 年完成臺灣第一例三代試管嬰兒病例。

在累積了一定的試管嬰兒相關經驗之後，我開始將目光轉移到胚胎品質上，我發現胚胎的正常率存在很大的差異，有些人胚胎較為正常、品質好，有些人則較差，若是單純依靠輔助生殖技術，是沒有辦法改善胚胎的品質或增加它的正常率的。因此，2003 年我開始踏入代謝與不孕這個領域！

養卵的魔法——孕育一個健康的小生命

早年自己不孕的經歷，使我開始注意到代謝這個問題。我開始向病人宣導要注重健康的生活方式，調理飲食、保持運動、規律作息、保持良好心態，這樣才能養出健康的卵子，提升懷孕成功率！但坦白說，這樣的治療方式在當時的臺灣是困難重重的，尤其在運動方面，實在很難引導病人重視，而且奇怪的是，當我執行力越強的時候，病人反倒越來越少了！這讓我曾經一度懷疑自己到底做對還是做錯？所幸，我的努力最終沒有白費，患者不斷攀升的懷孕率和抱嬰率，讓我更加堅定了自己的理念與方向！

因此我萌生一個念頭，想把這套健康養卵的備孕理念帶到海的對岸去，幫助更多不孕症病人圓夢！我想感謝我的手帕交 —— 前鴻海董事長已故夫人林淑如女士，是她給了我啟發，去創建一個專注於「健康媽媽、健康寶寶」的生殖中心，也感恩我的老闆郭台銘先生，給了我這個機會。

來到廈門之後，我接觸了更多不孕症病人，發現她們很容易接受這套健康備孕的養卵理念，並且很快地收到成效。二胎開放之後，越來越多高齡女性加入備孕大軍，我們也接觸到更多高齡、疑難雜症病例。也是在這時，健康養卵的備孕理念開始在這群不孕女性身上產生神奇的變化，她們開始關注自己的血糖和代謝，努力成為一個「健康媽媽」，最終孕育出「健康寶寶」，感恩她們的信賴和努力，最終成就了自己的幸福。

冥冥中一切似乎早已註定。臺灣糖尿病比率從 90 年代後期開始逐漸增加，但血糖代謝與不孕症的連結卻一直是個冷門的題目。我在攻讀博士班時為了完成論文，前往美國 Milton S. Hershey Medical Center，在 Dr. Legro 的幫忙下順利完成論文，也對這個題目做了進一步的研究。有了這個研究做為後盾，為我日後於生殖醫學與不孕症領域，點亮了一盞指路明燈。

想感謝的人實在太多，難以言表！唯有將滿腔感恩之情化為執行力，努力向著夢想前進，將「吃好、睡好、運動好」的健康養卵備孕理念帶給更多不孕症患者，助她們早日成為「健康媽媽」、孕育出「健康寶寶」，一圓求子之夢！

魏曉瑞

養卵的魔法──孕育一個健康的小生命──

你們要將一切憂慮
卸給神，因為他
顧念你們。

彼得前書 5:7

養卵的魔法 / 魏曉瑞作 . -- 初版 . -- 臺北市：
時兆出版社，2021.03
面；公分 .

ISBN　978-986-6314-97-1（平裝）

1. 懷孕　2. 婦女健康　3. 不孕症

429.12　　　　　　　　　110001479

養卵的
魔法

作　　　者	魏曉瑞
董 事 長	金時英
發 行 人	周英弼
出 版 者	時兆出版社
客服專線	0800-777-798（限台灣地區）
電　　話	886-2-27726420
傳　　真	886-2-27401448
地　　址	台灣台北市105松山區八德路2段410巷5弄1號2樓
官　　網	http://www.stpa.org
電　　郵	stpa@ms22.hinet.net
主　　編	小清流
編　　輯	蘇芩慧
封面設計	時兆設計資訊部
美術編輯	時兆設計資訊部
商業書店	總經銷　聯合發行股份有限公司　TEL.886-2-29178022
網路商店	http://www.pcstore.com.tw/stpa
電子書店	http://www.pubu.com.tw/store/12072
I S B N	978-986-6314-97-1
定　　價	新台幣350元
出版日期	2021年5月　初版1刷

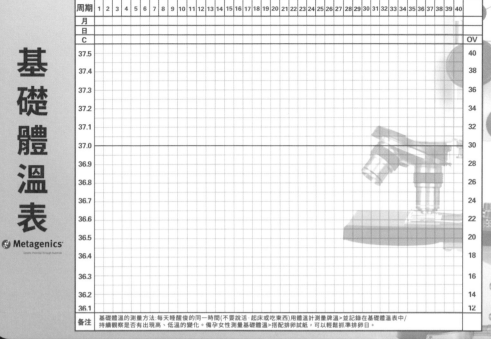

経期：▲ 同房：♥ 體溫：●

科學備孕方法，提升"孕"氣！

周期	1	2	3	4	5	6	7	8	9	10	11	12	13	14	15	16	17	18	19	20	21	22	23	24	25	26	27	28	29	30	31	32	33	34	35	36	37	38	39	40	
月																																									
日																																									
C																																									OV

基礎體溫表

Ⓜ Metagenics

備註：基礎體溫的測量方法:每天睡醒後的同一時間(不要說活,起床或吃東西)用體溫計測量牌溫>並記錄在基礎體溫表中/
持續觀察是否有出現高、低溫的變化。備孕女性測量基礎體溫>搭配排卵試紙,可以輕鬆抓準排卵日。

請由此壓線對折

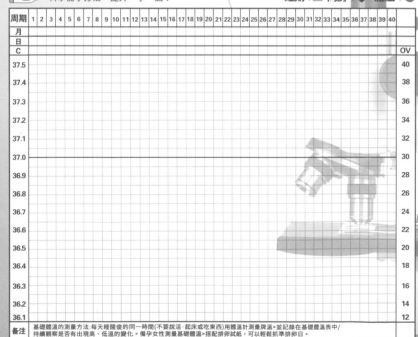

経期：▲ 同房：♥ 體溫：●

科學備孕方法，提升"孕"氣！

周期	1	2	3	4	5	6	7	8	9	10	11	12	13	14	15	16	17	18	19	20	21	22	23	24	25	26	27	28	29	30	31	32	33	34	35	36	37	38	39	40	
月																																									
日																																									
C																																									OV

基礎體溫表

Ⓜ Metagenics

備註：基礎體溫的測量方法:每天睡醒後的同一時間(不要說活,起床或吃東西)用體溫計測量牌溫>並記錄在基礎體溫表中/
持續觀察是否有出現高、低溫的變化。備孕女性測量基礎體溫>搭配排卵試紙,可以輕鬆抓準排卵日。

⊛ Metagenics®

Genetic Potential Through Nutrition

⊛ Metagenics®

Genetic Potential Through Nutrition

30＋年
專注功能醫學

為您的健康備孕之路保駕護航

We go above and beyond in all facets of production to
ensure the safety, efficacy, and purity of every product.

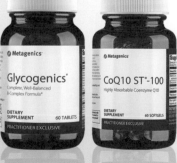
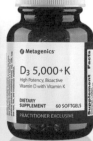